U0220886

当代科普名著系列

Gravity's Century

From Einstein's Eclipse to Images of Black Holes

引力世纪
从爱因斯坦的日食到黑洞照片

[美]罗恩·考恩 著
王晓涛 译

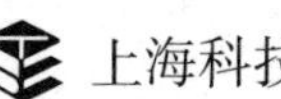

上海科技教育出版社

Philosopher's Stone Series

哲人石丛书

立足当代科学前沿

彰显当代科技名家

绍介当代科学思潮

激扬科技创新精神

策 划

哲人石科学人文出版中心

对本书的评价

◇

考恩是一名才华出众的科普作家，很擅长讲故事。他笔下的故事十分精彩！

——约翰·马瑟（John Mather），

诺贝尔物理学奖得主

◇

本书语言清晰易懂，内容扣人心弦，展现了我们对引力和宇宙的认知在爱因斯坦及其支持者推动下的发展历程。考恩将导致这场变革的重大历史事件和各种人物的经历串联在一起，并介绍了科学界当前最新的观点和猜想，而这些想法可能在将来使我们对世界的本质产生更新颖、更深入的理解。

——乔治·斯穆特（George Smoot），

诺贝尔物理学奖得主

◇

爱因斯坦的广义相对论彻底改变了我们对空间、引力和时间的理解。《引力世纪》一书带领我们从爱因斯坦创建引力理论的艰难过程开始，一直到当前的研究热点——探测黑洞产生的引力波从而证实广义相对论最大胆的预言，以及将引力理论与20世纪物理学的另一个重要领域（量子力学）相结合的尝试。

——戴维·斯佩格（David Spergel），

普林斯顿大学

内容提要

阿尔伯特·爱因斯坦在1919年5月29日这一天名垂青史，尽管他当天并未做过什么引人注意的事情。天文学家阿瑟·爱丁顿和他的研究团队在那天完成了一次日食观测，并获得了惊人的发现：正如爱因斯坦预测的情况一样，引力可以使光线弯曲。这一发现证实了广义相对论，也从根本上改变了我们对空间和时间的认识。

一个世纪后，另一个研究小组的天文学家在更大的尺度上进行了一场与之相似的实验。他们使用的事件视界望远镜是一个覆盖全球的射电天线阵，观测目标是银河系中心的超大质量黑洞——人马座A*——附近的区域。作者罗恩·考恩表示，这次实验的首要目标是确定爱因斯坦的理论在细节上是否正确。我们对于量子力学中与引力相结合的关键部分一无所知，但黑洞或许可以帮助我们更深刻地理解这方面的内容。通过事件视界望远镜对人马座A*附近的星光实施的观测，科学家不仅可以首次直接观察到事件视界—— 一个只允许黑洞外部物质和辐射进入而不允许物质和辐射从中逃离的边界，还可以在最极端的情形下对爱因斯坦的理论进行检验。

本书向我们展示了从至关重要的1919年日食观测，

一直到事件视界望远镜建成的整个探索历程,以及目前这一领域的研究热点。考恩用清晰易懂的语言讲解了相关的物理知识,并生动地表达了自己的观点:我们对引力的研究热情,其实就是一种对理解宇宙的渴望。

作者简介

罗恩·考恩(Ron Cowen)是《国家地理》(*National Geographic*)、《自然》(*Nature*)、《纽约时报》(*New York Times*)、《科学》(*Science*)、《科学新闻》(*Science News*)、《科学美国人》(*Scientific American*)、《美国新闻与世界报道》(*U.S. News & World Report*)等报刊的撰稿人,并且是美国国家公共广播电台《科学星期五》(*Science Friday*)的特邀评论员。他曾分别两度获得美国物理联合会科学写作奖,以及美国天文学会太阳物理学部大众写作奖。

献给凯西(Cathy)和朱莉(Julie),

是她们给我的生活带来了欢乐和爱

CONTENTS 目录

目 录

目录

CONTENTS

引 言

对于银河系中心处的那头怪物而言，它的神秘戏份已告一段落。

2017年4月11日，一个天文学家团队完成了长达5个夜晚的观测。8组射电望远镜分布在从夏威夷到南极的多个区域，在这几夜里共同工作，形成网络，就像是一个口径与地球直径相当的天线。此次观测的对象尽管几十年来一直存在于一些有远见的科学家和科幻爱好者的想象中，却从来没有被任何人真正看见过。他们尝试观测的，是一个黑洞。

或者，更确切地说，是黑洞的边缘部分——这一外壳中的引力是如此之强，以至于任何物体都无法逃离它的控制，包括光。一旦有什么东西闯进了这个边界——也就是科学家所说的事件视界，它就会永远从我们的宇宙中消失。但是，虽然越过边界的物体将不复存在，黑洞内部的东西依然会参与时空的一种畸变过程。时空的畸变违背了我们的逻辑和数学知识，可如果有人对大自然在最极端情况下的性质感到好奇的话，那他必须相信这种畸变的存在。

然而仅仅是“相信”，还远不能调动“事件视界望远镜”(Event Horizon Telescope)制造者们的积极性。能够激励他们的，是“认识”。因为一旦开始认识黑洞，我们就会开始重新认识宇宙——从而进入一个探索宇宙的新时代。虽然爱因斯坦(Albert Einstein)会拒绝接受这样的时代,但在使之成为可能这件事上,他比任何人的贡献都大。

1915年,也就是一个世纪之前,爱因斯坦完成了自己的广义相对论。他独自一人认识到了约300年前伽利略(Galileo Galilei)发现的一条物理学定律的完整含义:所有物体,无论质量和成分如何,在引力场中下落的速率均相同。爱因斯坦创建了一种与物体加速度相关的革命性理论,并将上述定律确立为这一理论的核心和灵魂,而其中的思考方式是全新的,不仅仅关乎引力,更与整个宇宙相关。

他放弃了把引力当作一种力的观点。并且,我们长期以来抱有的想法,即对于宇宙中来来往往的事物而言,空间和时间不过是平凡而沉默的旁观者,也被爱因斯坦予以驳斥。时空(space-time)就像面团一样具有可塑性,其形态会被质量和能量的存在所改变。物体并非由于地球的拉力而下落;真正的情况是,地球的质量和能量扭曲了周围的时空,以这样的方式使得经过的物体的路径不可避免地向地球弯曲。同样的相互影响也适用于宇宙中的任意两个物体。即使是光,也必须服从这一自然法则:如果光线接近一个足够大质量的物体——例如太阳,它的轨迹同样会弯曲。

在1919年5月29日的日食期间(那时第一次世界大战对世界的蹂躏还历历在目),两个英国天文学家队伍历经长途跋涉,分别到达了巴西和非洲西海岸,打算验证出生在德国的爱因斯坦提出的古怪而新奇的引力理论。当月亮于1919年5月29日进入太阳和地球之间时,日食过程会持续6分51秒(这也是20世纪持续时间最长的几次日食之一),两支队伍趁此机会拍摄下了在白昼突变为黑夜时进入视野的星星的照片。之后观测者们回到家中,通过比对同样的星星不在太阳附近时的照片,发现了爱因斯坦所预言的景象:太阳的质量确实使星光发生了弯曲。仅凭这次预言,爱因斯坦便在一夜之间声名大噪,他的理论也占据了全世界的新闻头条。

引力的世纪开始了。

这两次实验——1919年的日食探险和一个世纪之后的事件视界望远镜观测——恰好可以作为一个在科学史上绝无仅有的时代的开头和结尾。

100年前，就在爱因斯坦创立广义相对论的时候，宇宙看上去像是仅由一个星系所构成；而今天，我们已经知道，宇宙不仅包含有至少1000亿个星系，并且还在以越来越快的速率持续膨胀。与此同时，在过去的这个世纪里，天文学也在快速发展，开始时研究对象还只是在单独的望远镜中观测到的电磁波谱的狭窄光学波段，而现在已经覆盖了从微波到γ射线的全波段的电磁波谱。21世纪初，天文学的研究领域甚至拓展到了电磁波谱之外：我们现在已经知晓，暗物质和暗能量这样神秘而无形的存在，竟占据了宇宙总质量的96%。

任何想要理解这些发现的人，都应感谢广义相对论。爱因斯坦的理论一经提出，一些理论物理学家立刻意识到，黑洞这个概念是广义相对论自然的推导结果。然而，黑洞可以说是最违反直觉的一种现象了。

如果一个物体的质量和密度足够大，难道时空不会变得极度扭曲以至于无限制地收束吗？接近这个物体的光线不仅会被弯曲，如果它靠得太近，甚至会落入引力阱中无法逃脱。

爱因斯坦一直很反感黑洞这一概念：它毁掉了他那些优雅的方程式，抹去了它们的全部意义。几十年来，爱因斯坦和其他物理学家都在尽可能地忽略黑洞概念的存在。

可是随后，这个世界迎来了另一场革命——这次是在望远镜技术领域。20世纪60年代初开始的天文观测表明，在遥远的宇宙深处，有一些致密的辐射信标，它们足以让整个星系都黯然失色，并且那里的恒星都在以令人瞠目结舌的高速围绕着星系中心旋转。巨大的能量和极快的速度暗示了星系中心一个无形的引力巨物的存在。黑洞——时空之中吞噬光线的引力深渊——这一概念成了现实。

理论物理学家们立刻对此产生了强烈的兴趣。他们意识到黑洞是个可以将微观世界(也就是量子理论的领域)和广义相对论主导的强引力领域相结合的熔炉。爱因斯坦花了几十年的时间试图实现二者的统一,却从未成功过。

所以当天文学家们发现全新的射电望远镜技术可以用来给黑洞真实的事件视界成像的时候——又有谁能抵抗这样的诱惑呢?

事件视界望远镜合作项目特别选取了两个黑洞作为观测目标。这两头引力怪物中的一头叫作人马座A*(Sagittarius A*),在银河系的中心"翻腾",质量是太阳质量的400万倍。另一头则占据了5400万光年外的M87星系的中心,质量大约是人马座A*的1000倍。它们或许可以为爱因斯坦的广义相对论提供一次至关重要的科学检验:确定理论预计和对宇宙中最极端引力环境下的实际观测可以在多大程度上吻合。

2017年春,一个不起眼的日子,事件视界望远镜于美国东部时间上午11点22分记录下了整个观测期间的最后一个光子。研究人员们清楚,还需花上数月时间才能完成全部工作。他们需要分析的数据量等同于1万台笔记本电脑的存储容量;同时他们还要准备下一年的二次观测。但此刻,他们不必再纠结那些尚未完成的工作,而是可以暂时停下来欣赏一番已经取得的成果。

一位天文学家播放起了皇后乐队那令人欢欣鼓舞的《波希米亚狂想曲》(Bohemian Rhapsody)的旋律。还有人打开了一瓶50年前的苏格兰威士忌。然而,虽然这场狂欢的直接原因是一次覆盖了整个地球的宽度和广度的实验的成功实施,但历史的背景总是更为广阔。正如这些狂欢者们所熟知的那样,他们的这次庆祝活动已经酝酿了一个世纪。

第一章

开　端

两个月。1907年9月时的爱因斯坦只有这么多时间了:两年前,他发表了狭义相对论的相关论文;而现在他必须针对这一理论,撰写第一篇正式的综述文章。此时的爱因斯坦28岁,在伯尔尼的瑞士专利局做一名专利审查员,同时也在寻找大学里的教职。他成功抓住了这次在著名的《电子学和放射性年鉴》(*Yearbook on Electronics and Radioactivity*)为自己颇具争议的工作进行总结的机会。然而,他已经跟期刊的编辑打听了两次,询问自己的文章投稿到底何时截止。

爱因斯坦的担心完全可以理解。为了养活妻子和3岁的儿子,他从周一到周六每天在新的邮电大厦三楼的办公桌前工作8个小时,对提交的那些电子发明装置和各种精巧设计的价值进行评估。他的工作效率是如此之高——这令专利局主任哈勒尔(Friedrich Haller)对他刮目相看,以至于在工作日也能抽出时间来研究理论物理。

爱因斯坦于1907年11月写完了文章。这篇综述除了详细解释他原先的工作之外,还包含了一个绝妙的、更加普适和奇特的相对论思想的种子。这一思想将永久地改变人类认识宇宙的方式。

在文章的开头,爱因斯坦简要回顾了自己1905年的那篇论文,在论文中他对伽利略所描述的经典相对性思想进行了彻底的重新思考。伽利略这位意大利科学家和发明家,在其1632年的著作《关于两大世界体系的对话》(*Dialogue Concerning the Two Chief World Systems*)中宣称,无论物体处于静止还是在匀速运动,它们的行为都具有同一性。

伽利略在书中塑造了三个角色——萨尔维阿蒂(Salviatus),伽利略自己的替身;沙格列陀(Sagredus),一个富有智慧的普通人;以及辛普利邱(Simplicius),一个一点也不聪明的家伙。他们聚在一起,研究当观察者静止或匀速运动时物体的运动规律是否会有所不同。

首先,伽利略要求我们考虑一艘在码头抛锚停泊的船。如果有人在船的桅杆上丢下一块石头,它会砸到桅杆底部的甲板上。这一现象对任何人而言都是十分显然的,无论他是站在船上还是站在码头上。

现在,伽利略说,考虑同样的船,但这次船在水中以恒定的速度航行,比如说 10 m/s。重复同样的实验——如果有人在这艘运动的船的桅杆上丢下一块石头,它会落到哪里?如果石头落下需要 1 s,由于船在这 1 s 内向前运动了 10 m,这块石头不就落到了桅杆后面 10 m 远的地方吗?这是辛普利邱可能给出的答案,而且看起来没什么问题。但实际上这是错的。

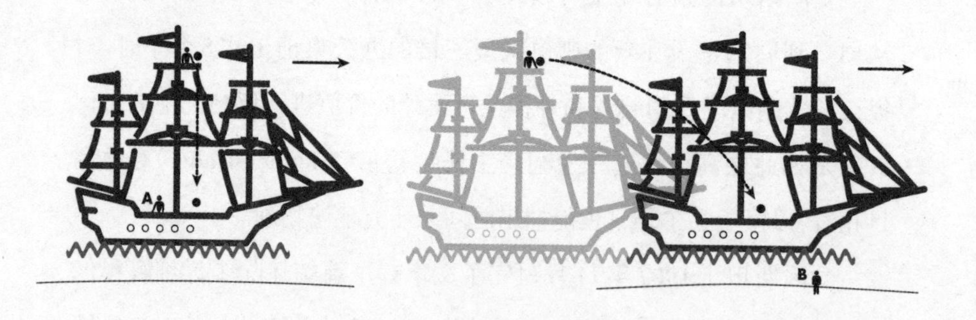

在伽利略的描述中,某人从匀速运动的船的桅杆上丢下一枚炮弹,对此有两种视角。对于那个在桅杆顶上随船运动的人而言,炮弹看起来在竖直下落(左图)。对于站在海边保持静止的人而言,由于船在炮弹下落的时间内仍以匀速行驶,炮弹似乎在沿斜线落到桅杆底部(右图)。但是这两个观察者一致同意,炮弹的落点是桅杆的底部。[图源:迪尔(Kristen Dill)]

石头仍然会落在桅杆底部,就像船静止时一样。无论船静止还是匀速运动,运动规律都保持不变。

对于从桅杆顶端丢下石头的那名水手而言,石头是竖直下落的。如果你站在码头上,对于石头砸在甲板上的位置应该不会有异议,但你会觉得石头是以倾斜的路径下落,因为从你的角度来看,石头和船有相同的向前的运动。

尽管对于两位观察者而言,下落的石头好像会有不同的轨迹,但物理的法则和运动的规律都是一样的。实际上,伽利略认为,如果你待在甲板底下一个没有窗户的船舱里,并且船在匀速运动,那么任何实验都无法告诉你船是否在运动。碗中游动的鱼儿,舱内飞舞的蝴蝶,它们的运动都将一如既往。

用一种非常巧妙的思想,爱因斯坦重新思考并扩展了伽利略的经典相对性原理:实际上,他将下落的石头替换为了一束光。

光是爱因斯坦自孩提时代开始就一直竭力思考的一种东西。在爱因斯坦十二三岁时,一个朋友送了他一本科幻小说家伯恩斯坦(Aaron Bernstein)写的书。在书中,读者可以遨游太空,但并不是乘坐舰船或飞驰的列车;伯恩斯坦希望读者想象自己和电流一起在电报线中穿行。

这样的图景让爱因斯坦感到兴奋不已。16岁时,他进入了瑞士阿劳的一所学校就读。这所学校思想前卫,鼓励学生发挥自己的形象思维能力。此时的爱因斯坦开始想象一场更为奇妙的旅程——与光束同行。如果自己可以快到赶上光的速度,一束光看起来会是什么样?

他最初认为光波看上去会变得稳定并静止,就像你和一个飞速奔跑的人齐头并进时,他在你眼中的景象一样。可是,“静止的光波”这一想法不仅与我们的日常经验相违背,而且违反了苏格兰物理学家麦克斯韦(James Clerk Maxwell)揭示的光的规律以及光与电磁的关系。麦克斯韦方程组可以证明,电(带电粒子间的力)和磁(例如两个条形磁铁间的吸引力)并非不相关的两种现象,而是一种叫作电磁作用的统一体的两面。麦克斯韦还从他的方程中发现,当振荡的电场和磁场互成直角的时候,它们会产生恰好以299 792 km/s的速度传播的波。这个数值就是光速,而光,就是一种电磁波。

但这一速度是相对于什么而言的?当时的物理学家认定这一速度必然要相对于某种介质,就像声波需要水或空气这样的介质来传播一样。科学家将光需要的这种介质称为以太,但无法找到任何证据来证实其存在。爱因斯坦则要明白得多——根本就不需要以太,因为光速并不相对于某种参考系或介质。爱因斯坦要求一切物理定律,包括麦克斯韦方程组,对于相对彼此匀速运动的所有观察者而言都必须相同,并且能给出相同的结果。由于麦克斯韦方程组预言光速应当是一个特定的数值,这一速度对于所有匀速运动的观察者都是相同的。他断言,光速**永远**是299 792 km/s。这意味着你绝不可能追上光波。

初看起来,这是个疯狂的想法。我们所熟悉的低速运动是可以进行加法上的合成的——如果我在一列以24 km/h的速度行驶的火车上向外看,发现另一列火车向相同的方向运动,速度为16 km/h,那么我相对于那列火车的速度就是24 - 16 = 8 km/h。所以,如果你的速度很快,接近光速,你看到的光波不就会比静止的人看到的慢很多吗?爱因斯坦——以及众多的实验——否定了这一想法:你看到的掠过你的光波应当和你静止时看到的一样快。光的速度是不会变化的。不仅如此,任何物体都无法比光更快。

速度是用距离除以时间来测量得到的(km/h或m/s)。既然光速要保持不变,那么距离和时间就需要有所变化。

现在,让我们再回到伽利略的大船实验,将研究对象从石头换成一束光。一艘船在水上匀速航行,从桅杆上向下射出一道闪光,光线会照到桅杆底部的甲板上。码头上的观察者当然会对此表示同意。但是,如果从更精确的角度来看，假设码头上的人拥有精密的测量工具，他就会发现光线实际上偏移了一点额外的距离，也就是在光到达桅杆底部所用的时间里船移动的距离。

可是以m/s——也就是距离除以时间——作为单位的光速是恒定不变的。所以如果码头上的观察者发现光线移动了额外的距离，那么唯一可以保持其速度不变的方式，就是让光的运动花费更长的时间。

因此，时间**并非**不可改变。一段时间间隔，对于以不同速度运动的观察者而言是不一样的。如果时间由时钟的走时来计量，则每个观察者都会发现别人的时钟要慢一点。更奇怪的是，距离也不是绝对的：它似乎会在运动方向上缩短。

为什么人们没有更早地注意到这一点？因为时间和空间的这种变化微不足道，除非你的运动速度接近光速。或者就像纽约大学物理学教授斯普鲁奇（Larry Spruch）过去常说的，如果我们都能有相对论性的（即速度极快的）玩具陪伴自己长大，我们就可以对时间和空间并不绝对这一事实有直观的理解。

但实际上，有一个新的量——时空——确实是保持不变的。数学家闵可夫斯基（Hermann Minkowski）认为空间和时间其实具有平等的地位（这位数学家曾于10年前在苏黎世联邦理工学院教过爱因斯坦，并认为他是个"懒惰的家伙"[1]）。他将狭义相对论重新表述为四维空间理论，也就是将时间作为第四个维度加入一般的三维空间中。1908年，闵可夫斯基宣称："从今以后，空间本身和时间本身，都注定要消失于阴影当中，唯有二者的统一才可保持一个独立的实体。"[2]（要了解更多关于时空的知识，请参见"深入讨论：空间和时间，一个完美的统一体"。）

这实际上就是爱因斯坦狭义相对论的本质。但是当爱因斯坦继续撰写1907年的那篇综述文章时，他其实并不满意。他的理论仅对相对彼此以匀速运动的观察者才适用。匀速运动不仅指的是速度大小不变，也意味着速度方向不发生改变。如果观察者在减速、加速或者改变方向，情况又会如何？加速或减速说明有加速度，而加速度可由施加力来产生——就像牛顿(Isaac Newton)所描述的万有引力。可是爱因斯坦无法将牛顿的万有引力定律纳入自己全新的时空图景之中。

牛顿的万有引力理论精彩地描述了行星环绕太阳的运动和行星轨道的形状——拉长的圆，也就是椭圆。这一理论甚至可以在海王星被观测到之前就预言它的存在。然而万有引力定律有一个就连牛顿自己都不得不承认的缺点。在他的理论中，无论两物体相距多远，二者间的引力都是瞬时作用。虽然太阳发出的光需要8分20秒才能到达地球，可根据牛顿的引力理论，太阳的吸引力却能毫无延迟地传递，这违背了运动速度不能超过光速这一宇宙速度的限制。

但就在爱因斯坦撰写综述的时候，他产生了一个"最快乐的想法"[3]。当坐在伯尔尼专利局的椅子上时，他意识到，如果有人从屋顶落下，这个人是不会感觉到自身重量的。**他感受不到引力**。这一想法令爱因斯坦大为惊奇。

尽管这个人落到地上时会疼得要命，但在自由落体的过程中，他不会体验到引力的影响。并且如果他下落的时候让一个小球也自由下落，或是从口袋里拿出房门钥匙然后松手，对他而言这些物体将会在半空中悬停，飘浮于身旁。这个人会觉得自己处于静止状态。

爱因斯坦的这一**思想实验**指引他认识到了另一件事。观察者至少可以在自己的四周，将匀强引力场向下的吸引作用替换为向上的恒定加速度——也就是速度均匀地增加。这二者是等价的。"不可能通过实验弄清到底是一个给定的坐标系在加速，还是……引力场造成的观测效应。"[4]爱因斯坦说道。

这个想法很值得我们再思考一番，因此让我们换个说法。想象你身处外太空的某个电梯中，远离了所有的引力作用。电梯正在被某个力向上拉,从而有一个竖直向上的9.8 m/s^2的加速度。你的脚踩在上升电梯的底板上,就如同由于引力而踩在地球表面上一样。如果你丢下一个球,它会向着底板加速,就像在地球上时的情况一样。你无法分辨自己到底是在向上加速还是在地球上保持静止。(这不禁让人联想到伽利略描述的那名乘客,他被关在甲板下一个没有窗户的船舱里,无法分辨船是静止还是在以匀速运动。)

爱因斯坦没有局限于引力与加速度等价这一想法,而是提出了一个更加强有力的观点:无论你是身处静止的匀强引力场,还是一个像电梯一样均匀加速的参考系,一切自然规律都是相同的。在匀强引力场和电梯中进行的所有活动——无论是跳舞、抛球、空翻,还是调制鸡尾酒——都具有同样的结果。这就是等效原理,它对于空间、时间和宇宙的基本性质有着深远的影响。

可为什么这个想法一定是正确的呢?为了回答这一疑问,我们可以回顾一下牛顿的运动定律和引力定律。牛顿规定,力(F)等于质量(m)和加速度(a)的乘积:$F = ma$。这里的m是惯性质量,描述的是物体抗拒自身运动状态变化的性质。你在推动一辆静止的汽车时,或是在它动起来后迫使其停下时,所要克服的正是惯性质量。

牛顿单独对两物体间的引力进行了计算,解得引力大小正比于二者质量的乘积除以距离的平方($F = m_1m_2G/r^2$)。其中m_1和m_2指的是引力质量(衡量物体被引力场吸引的程度),G叫作引力常量,r则是两物体之间的距离。这两种质量——惯性质量和引力质量——实际上是完全等价的。

这就是为什么一块铅砖和一团棉花在真空中(没有空气阻力)会以同样的速率落下。根据一个虚构的故事,伽利略曾在比萨斜塔上做过实验,让不同重量的两个球同时下落。假定没有空气阻力的影响,它们会同时落到地面。(要了解更多类似实验的历史,请参见“深入讨论:爱因斯坦的前人对等效原理的检验”。)引力可以说是一种机会均等的相互作用——它以相同的方式对所有的物体施加影响,无论其质量、体积、形状、电荷或是其他性质如何。

但事实本不必如此。理论上,有着更大引力质量的物体应该比质量小的物体落下得更快。若是这样,处于引力场中的物体就不会以同样的速率下落,因而引力的作用也就不能用匀加速度来替代。例如,如果你在自由落体运动的同时抛出一颗重量远小于你的小球,那么这颗小球将不会悬浮于你的身旁——因为你下落得更快。

可是为什么当你静止于地球表面时感受到的引力会与加速运动有如此紧密的联系呢?爱因斯坦凭直觉认定,引力与加速度之间的这种深层联系一定与时空的某种内在性质有关。

在1907年的那篇综述发表后的几年时间里,爱因斯坦的注意力被物理学中的其他一些难题所吸引。但在1911年,他又开始重新研究引力,并且提出了另一个不同的思想实验。

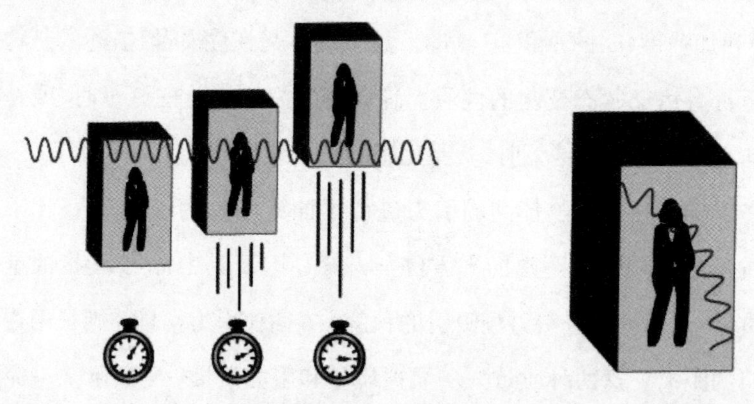

在电梯匀加速上升的同时,一束光射入其中。对于电梯外静止的观察者而言,光穿过轿厢,沿着直线打在对面的墙上(如左图所示)。但在匀加速上升的电梯内部的人看来,光的轨迹并不是一条直线。就在光线横穿过电梯轿厢的时候,电梯正以越来越快的速率上升(由三个表盘表示)。电梯里的人会觉得,光线从自己头上的某一点射入,却打在了轿厢另一面墙的地板附近,就像是向下弯曲了一样(如右图所示)。由于恒定加速度和匀强引力场是等价的,这就意味着引力可以使光线弯曲。[图源:苏普利(Curt Suplee)]

让我们再次回到一台不考虑任何引力作用的太空电梯中。电梯被起重机吊着以恒定加速度上升。电梯轿厢的一面墙上有一个小孔。假设在电梯刚开始上升时,有人在电梯外朝着孔内水平地射入一道光。

这束光线将如何运动?对于起重机操作员这样一个处于电梯之外并且没有在加速运动的观察者而言,光线沿着直线横穿过电梯。

电梯内的乘客则有着不同的看法。在光线从电梯的一边横穿至另一边的时候,电梯是处于上升状态的。在这个并不知道自己正在加速上升的乘客看来,光束似乎在运动中越来越靠近地板——换句话说,光在下落,就像电梯里的其他任何物体从静止开始下落时的运动状态一样。对乘客来说,光线似乎被向下弯曲了。

但是,一台匀加速的电梯是可以和匀强引力场等价的。所以根据等效原理,我们必须认定,引力可以弯曲光线!

这一结论是对的吗?什么样的证据可以证明这一点?地球的引力使光线弯曲的程度太小了,无法被注意到。但在1911年,爱因斯坦意识到,太阳的引力场应该足够强,可以弯曲从旁经过的星光,产生可观测的效应。日食的时候太阳明亮的圆盘会变暗,此时理论上可以观测到星光弯曲这一现象。他的预言于1919年的日食期间被观测所证实。这是对爱因斯坦的理论最著名的一次验证(见第三章)。

弯曲光线并非引力唯一的把戏。回忆一下,引力也可以使时钟变慢。另一个思想实验可以说明这一点。让我们最后一次回到那台加速的电梯。有个人站在电梯的地板上,对着轿厢顶部的观察者每秒钟发出一道闪光。这些闪光对于电梯地板上的人来说就像是时钟的嘀嗒声一样——每发出一道闪光,就流逝了一秒钟。

就在闪光打向顶部的观察者的时候,电梯轿厢正在越来越快地上升。因此,每道闪光都将花费更长的时间到达顶部。站在地板上的人每秒钟发射一次闪光,但电梯顶部的观察者测量了两道闪光的时间间隔，发现比一秒钟要长。顶部的观察者由此得出了结论，相对于站在电梯地板上的那个人而言，自己的时间流逝得更慢一些。

由等效原理可知，在加速情况下正确的结论对引力作用时的情况也必然适用。这就意味着，如果一个人站在山顶，离地球中心很远，地球引力影响较弱，那么相对于引力场较强的海平面附近的人而言，两道闪光的时间间隔或者时钟嘀嗒声的时间间隔就会短一些。引力使时间变慢。

在爱因斯坦这一新的引力理论，以及他为了完成一个终极理论所需要掌握的数学工具中，空间和时间所起到的根本性作用，可以再由另一个思想实验来阐明。这一实验首先由理论物理学家埃伦费斯特(Paul Ehrenfest)于1909年提出。

首先，需要注意的是，加速度会引起速度大小的改变、速度方向的改变，或是同时改变二者。一个坐在匀速转动的旋转木马上的人，其实是在加速的，因为这个人的运动方向正在均匀地改变。

考虑一个处于静止状态的圆盘。圆盘的周长(C)可以由公式$C=\pi d$来描述，也就是圆周率(π，约为3.14)乘以直径(d)——你高中时应该学过这个公式但可能现在已经忘了。这一公式适用于我们所熟悉的欧几里得几何，也就是坐标纸上隐含的那些规律：直线保持笔直，平行线永不相交，三角形的内角和永远是180°。

在我们的这个例子中，令圆盘的直径为30米。你或许会把30根1米长的尺子首尾相连地放在一起，从而表示出直径的长度。类似地，圆盘的周长是94.2米，可以将94.2米长的尺子弯折并沿圆盘边缘绕一圈来表示。

现在，我们让这个圆盘快速转动起来。根据狭义相对论，米尺(以及任何其他物体)在运动方向上的长度会缩短。直径始终与圆盘的转动方向呈90°，即垂直，所以直径不会缩短，保持30米的长度。但围绕在圆盘边缘的尺子是在转动方向上运动的，所以其长度在未随圆盘转动的观察者看来确实在缩短。这个观察者需要比94.2米更长的尺子才能包住圆盘的边缘。此时的周长不再是圆周率和直径的乘积，而是某个比它更大的值。

这只可能在几何结构已不再平坦的情况下才会发生。就像是通过鱼眼镜头看坐标纸一样，几何形状会发生畸变或弯曲。由于加速度与引力等价，引力也一定可以使时空畸变或弯曲。令人惊奇的是，爱因斯坦对引力和加速度的理解并不依赖于高深的数学知识，他可以不使用复杂的方程式就直达问题的核心。但是为了充分地阐述广义相对论，爱因斯坦需要在一个全新的、对数学要求极高的曲面几何世界中进行一番探索。

爱因斯坦将花费7年的时间来完成自己的这份杰作。这段时间里，他会失败，会怀疑自己的直觉，会一次又一次地累到筋疲力尽，然后绝望地向一位朋友寻求帮助。在最后一刻，他的一位科研对手却进展迅速，极有可能抢在爱因斯坦之前发表最终的方程式。

深入讨论：空间和时间，一个完美的统一体

比爱因斯坦还要早一个多世纪，法国数学家达朗贝尔（Jean d' Alembert）就将时间看作是第四个维度。“我之前说过人们无法想象超过三个维度的情况，”1754年他在一篇百科全书中的文章里写道，“但我认识一个很聪明的人，他觉得尽管如此，我们还是可以将时间作为第四个维度，从而使得三维的体积以某种方式表示为四个维度的乘积；这一想法可能会引起争议，但对我而言，即便仅仅是因为其新颖性，我也会觉得它是值得一提的。”

19世纪70年代，美国有一个叫作斯莱德（Henry Slade）的行骗高手，

借助了第四维度这一噱头来为自己骗取利益。他的骗术包括利用所谓鬼魂进行“自动书写”，将物体从密封的三维容器中取出，以及制造一些神秘的噪音。通过这些把戏，斯莱德成功地让伦敦社交界的人士和几个著名的德国科学家(其中两个还是未来的诺贝尔奖获得者)确信，他可以通过额外的维度与灵魂世界联系。尽管斯莱德于1877年被送上法庭受审并判处诈骗罪(他已于之前在美国被起诉)，但第四维度的概念已经在大众的想象中留下了难以磨灭的印记。

是否有这样的可能：我们所生活的世界其实具有更多的维度，而不仅仅只有日常生活中导航定位时所需的三维？可是如果这个世界不允许我们看透宇宙完整的性质，那么所谓额外维度又如何显现出来呢？

给出这一问题的答案的并非爱因斯坦，而是他在苏黎世联邦理工学院的老师、数学家闵可夫斯基。基于爱因斯坦的工作，闵可夫斯基将空间的三个维度和时间的一个维度融合成了一种四维的世界观。

在分析爱因斯坦的狭义相对论方程时，闵可夫斯基意识到，相对论可以借助几何来表达和理解。爱因斯坦的方程式描述了时间和空间的一种此消彼长的特点——当速度增加时，时钟嘀嗒声的间隔会变长，运动的物体本身则会变短。两个以不同速度运动的观察者可能会对一段时间的长度或两个事件间的距离持有不同意见，但一定有什么东西是对所有观察者而言都保持一致的。这个东西，就是闵可夫斯基所说的时空间隔。它是对三维空间中的长度这一概念于四维中进行类比得到的产物。

这一切都不可思议地令人回想起描述直角三角形斜边与两条直角边关系的勾股定理(要了解更多相关讨论，请参见第二章)。在二维情况下，可以计算得到直角三角形的斜边L($L^2=x^2+y^2$)；而四维情况下的时空间隔L也有与之类似的公式——只是时间项的前面有一个非常重要的负号。四维的L可以通过公式$L^2=x^2+y^2+z^2-c^2t^2$计算得到，其中c

代表光速。从一个观察者到下一个观察者,时间和空间可能会发生变化,但时空间隔对所有人而言都保持不变。

利用时空图——一种描绘空间和时间关系的图像——可以很容易显示出空间和时间此消彼长的这一特点。两位观察者对两个事件进行观测,观察者1相对于观察者2观测到两个事件间的距离更短,间隔的时间更长。但他们对时空间隔的测量结果都是一致的。

天体物理学家西格尔(Ethan Siegel)建议,可以把这一间隔想象成日晷的指针。白天太阳在天空中运动,指针影子的方向和长度也会发生变化,但指针本身的方向和长度是固定不变的。类似地,时间和空间——时空的两个影子一般的独立组成部分——会基于观察者的运动而改变,但时空间隔永远不会变化。

闵可夫斯基认识到了这种几何结构的更深层含义。至关重要的是,他发现,尽管物体匀速运动时的时空轨迹是一条直线,但在加速时却会画出一条弯曲的路径。

最初,爱因斯坦不屑一顾地认为闵可夫斯基的构想只不过是一种"多此一举的学说"[1]。他跟一位朋友打趣道:"既然数学家已经入侵了相对论,那么我可就再也没法理解这一理论啦。"可是到了1912年,爱因斯坦就已经全盘接受了闵可夫斯基的几何学设想,这些设想是描述其引力理论中的时空曲率的关键。他也是第一个承认这一点的人。然而,闵可夫斯基没能活着看到自己的工作是如何持续下去的。1909年,就在时空图概念的提出不到一年之后,闵可夫斯基死于阑尾破裂,享年44岁。

深入讨论:爱因斯坦的前人对等效原理的检验

大约在1590年前后的某一天,伽利略沿着石阶爬上了比萨斜塔的塔顶。在塔底一群教师和学生的围观下,他扔出了两个不同重量和材质的球,发现它们同时落到了地面——至少伽利略的助手维维亚尼(Vincenzo Viviani)是这么讲述这一故事的。他在为这位大师所著的传记中记载了此事。

尽管1638年伽利略在自己的著作《两种新科学》(*Two New Sciences*)中提到了把球从很高的地方扔下这一想法,但很可能他自己从来没有实施过这个实验。如果他真的做过这一实验,就会发现球下落得极快,以至于很难用他那个时代的时钟来计时。不过,伽利略倒是做过另外一个更加优雅和闲适的实验。在那个实验中,他将小球从斜面上滚下,从而减少了重力加速度的影响,使得球的运动速度减慢。让不同材质和重量的球从固定长度的斜面上滚落并记录下运动时间后,他发现,一切物体的加速度都是同一个值,这一数值仅取决于斜面的倾角而与物体质量无关。

斜面实验首次验证了等效原理。等效原理是爱因斯坦广义相对论的核心内容,它告诉我们,在小型空间区域内,均匀的加速度和匀强的引力场其实是一回事。但这一结论仅在惯性质量和引力质量这两个概念等价时才成立。惯性质量描述的是物体抵抗加速的性质(这也就是为什么推动汽车比推动轮椅要困难得多),它与引力无关。引力质量则描述的是引力的拖曳对于物体会有多大作用的性质,也就是你站在秤上时测得的那种质量。

牛顿认可了惯性质量和引力质量间的等价性。在他1687年关于运动定律的巨作《自然哲学的数学原理》(*Mathematical Principles of Natural Philosophy*,通常也被简称为《原理》)的开头部分,就有关于二者等价性的表述:"(质量)也可以由物体的重量求得。因为通过精确的单摆实验可知,它与物体的重量成正比。"牛顿用两根7英尺*长的绳子各自

---

*1英尺约为0.3米。——译者

悬挂着完全一样的木盒,作为两个相同的单摆。他在其中一个盒子里装满了一定量的木头,保证其重量不变以作为参照,然后在另一个盒子里装入相同重量的黄金,并让两个单摆进行摆动。牛顿之后又用不同的材料重复了这一实验——银、铅、玻璃、盐、水、木头、小麦——始终保证实验盒与参照盒中的材料重量相同。

在这一实验中,惯性质量指的是要使单摆摆动所必须推动的质量,而引力质量指的是受向下的地球引力作用的质量。如果二者相等,那么若是将这两个单摆在同一时间以同一角度释放,则它们的摆动必然保持一致,并且摆动间隔仅取决于单摆长度而与盒中材料的质量或成分无关。牛顿测得等价性的精确度保持在10^{-3}量级。

牛顿还曾将目光转向天空以寻找进一步的证据。他意识到,若是这一等价性不成立,那么木星的卫星围绕母星的运动就不会稳定。由于这些卫星引力质量的不同,太阳对其中一些卫星的吸引会比对其他卫星更强烈,从而导致整个木星系统的崩溃。牛顿对于地月系统的稳定性也进行了相似的论证。法国数学家兼天文学家拉普拉斯(Pierre-Simon Laplace)于1787年完善了牛顿的论证,将等效原理的精确度确定在10^{-7}量级。

直到19世纪90年代,匈牙利物理学家厄缶(Baron Roland von Eötvös)进行了一项新的实验,对等效原理的验证水平才有了明显的提升。他把等重量的不同物质装在杆的两端,然后用细金属丝将这个哑铃状的器件水平地悬挂在空中。在这个被称作扭秤的装置中,地球自转提供的离心力会对哑铃的惯性质量有向外的推动作用使两端彼此远离,而地球的引力会对它们的引力质量有拉动作用。如果这两种质量不相等,水平的杆就会轻微地旋转。厄缶和他的同事发现,惯性质量和引力质量几乎完全相等,最多相差10^{-9}量级。

第二章

从混乱到胜利

时空是弯曲的。它可以凹陷、伸长，或是屈曲变形。

1912年，爱因斯坦得出了这一惊人的结论。他确信，自己全新的引力理论不仅是几何学上的假想，更是一次彻底的对点、直线和平面所构成的平直空间的背弃，而这样的平直空间已经被哲学家、物理学家和数学家用以描述我们的自然世界长达2000多年。

爱因斯坦一直在研究一种特殊的加速度大小恒定的运动方式——像旋转木马一样高速转动的圆盘。这种速率不变而方向时刻改变的运动方式，其加速度大小保持不变。爱因斯坦发现，高速转动的旋转木马创造出的时空，会使得高中几何课程中所有我们耳熟能详的定则全部失效——比如圆的周长总是等于直径乘以π，或是两点之间最短的距离是一条直线。这在曲面空间中才会发生。并且，根据等效原理，如果恒定的加速度可以创造出弯曲的几何形状，那么引力也一定可以做到。实际上，引力和弯曲的时空，根本就是一回事。

爱因斯坦凭借敏锐的洞察力，对自由下落物体的整个运动过程采取了全新的思考方式，而这也成了他新理论的核心。1907年，就在爱因斯坦坐在专利局办公室的椅子上时，他意识到，自由下落的物体，比如一个从屋顶摔下的人，是感受不到引力的。如果运动物体感受不到力的作用，就会沿着所有可能的路径中最短的一条运动，也就是沿直线运

动。可是,围绕太阳运动的行星,其轨道形状是椭圆;向空中掷出的球,在落回地面的过程中划过的轨迹是抛物线;一束总是在两点间沿着最短、最直的轨迹运动的光,会因为大质量物体的存在而弯曲。

然而爱因斯坦就像是戴着一副特制的、只有他知道如何使用的时空眼镜一般,看穿了这些曲线轨迹并发现了其中的异样。这些轨迹,实际上都是直的。真正弯曲的,是运动物体所处的时空。

想象一条只能在球体表面上移动的毛毛虫。它下定决心要笔直地向前蠕动,绝不偏向左边或者右边。尽管如此,这条毛毛虫在球面上运动的过程中,还是不可避免地走出了一条圆形的轨迹。与之相似,宇宙中的任何物体,包括那些自由下落的物体,都必须沿着其所处的时空曲面运动。

让我们再对这条毛毛虫进行一些讨论。这次,它所在的地方不再是理想球面,而是另一种地形。当毛毛虫在其上蠕动的时候,它发现这次"旅行过程"突然变得很轻松。它不需花费额外的力气就能前进得更快。毛毛虫或许会将这一效果归功于某种将自己向前拖曳的吸引力。我们甚至可以就把这个力叫作引力。但我们很清楚,从三维世界的俯视视角来看,这条毛毛虫其实只是在滑向一个凹陷的深坑罢了。毛毛虫将这一影响归因于引力;我们则认为这是其所处位置的几何形状所造成的效果。

和我们的三维世界情况类似,虽然无法亲眼得见自己所处的四维时空的弯曲形状,但我们确实可以对此有所察觉。每当我们清晨从床上爬起来的时候,我们感觉到了向下的拉力。这就是在感受时空的弯曲性——也就是由地球引力所导致的一个局域时空深坑。

牛顿认为大质量物体可以将物体拉向自己,是因为它施加了一个吸引力。这一观点如今被广义相对论所取代,后者表明大质量物体使时空扭曲或者凹陷,从而使得物体向其靠近,就像毛毛虫在斜坡上下滑

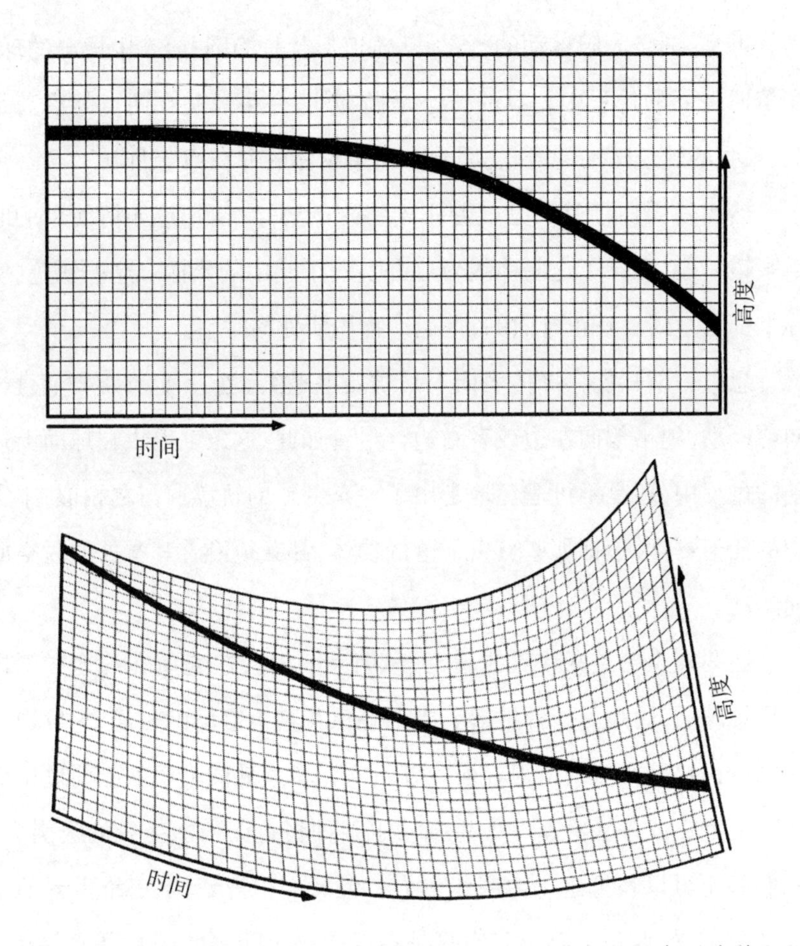

当球落向地面的时候，它的轨迹是一条抛物线。根据爱因斯坦的理论，这条线之所以弯曲，不过是因为地球弯曲了附近的时空。如果对时空的弯曲性予以考虑，那么落下的球的轨迹将是一条直线。（图源：迪尔）

一般。引力等同于时空的弯曲。并且，根据爱因斯坦著名的质能方程$E = mc^2$，质量和能量是同一物理量的两种不同形式，因此质量和能量都可以使时空弯曲。爱因斯坦对引力的描述与牛顿的观点不同，而且更为精确。但有一个例外值得一提：牛顿的万有引力定律在太阳系这一相对较弱的引力场中的适用性非常好，但它却无法用来描述恒星围绕黑洞或其他极致密的大质量物体的高速转动。如果想要对这些极端的

引力情况进行正确的描述,广义相对论是不可或缺的。

爱因斯坦的理论也解释了长期困扰人们的水星运动之谜。这颗太阳系最内侧的行星沿着椭圆轨道围绕太阳转动。但实际上,这一轨道并不是一个**理想的**椭圆,因为水星每公转一周,它下一轮公转的起点与这一轮的起点相比,都会稍微靠前一些。因此,水星轨道最接近太阳的位置,也就是近日点,会缓慢地绕着太阳转动,我们把这一运动叫作进动。尽管所有行星的轨道都在进动,但只有水星轨道进动数值与牛顿引力理论预测的结果之间的偏差较大,可以被观测到。从地球上看,水星每世纪进动5600″(1″等于1°的1/3600)。根据牛顿的理论推测,考虑到一种非相对论效应——也就是其他所有行星的拉力影响,水星应当每世纪进动5557″。至于剩下43″的差值,则无法解释。一些天文学家甚至猜想太阳系中存在某颗未被发现的行星,还给它取了个名字,叫作伏尔甘(Vulcan),希望借此来解释进动数值的偏差。当然,对这颗行星的搜寻最终徒劳无获。还有一些科学家假定水星附近存在小行星群或尘埃带,从而造成了这一偏差,但同样什么也没有搜寻到。和一味寻找太空中的某个天体相比,科学家们其实更应该对空间的本质进行探究。1915年爱因斯坦的完整理论预言了大质量的太阳附近的时空曲率数值,这完美地解释了水星近日点进动现象。

广义相对论的贡献并不仅仅在于用曲面几何来代替牛顿的引力。在牛顿的引力理论中,空间和时间就像是平平无奇的背景幕布,或是沉默而固定的舞台。它们的存在只是为了宇宙中的那些“演员们”——人类、保龄球、行星、恒星等——能够在其中大显身手。即使是在可以将空间和时间统一起来的爱因斯坦的狭义相对论中,时钟的嘀嗒声和直尺上的标记也不过是旁观者,丝毫不会对宇宙中的各类事件产生影响。

然而,爱因斯坦的广义相对论却要求这个舞台也得平等地参与到事件当中,并且具有可塑性和动态性。当一个大质量的物体来到时空

的舞台上时，舞台本身会因此凹陷和伸长。反过来，舞台的这种扭曲变形也会推开或拉近物体，有时甚至会使其困在某个大坑（也就是黑洞）里永远无法逃脱。舞台上的演员们一旦开始运动，对自己的质量和能量重新进行了分配，就会改变舞台的形状。正如理论物理学家惠勒（John Archibald Wheeler）后来所说的那样，在这场没有尽头的宇宙之舞中，物质告诉时空如何弯曲，时空则告诉物质如何运动。

但这也给爱因斯坦带来了挑战。他必须通过数学语言来描述物质和时空之间的这种紧密联系。由于引力表现为了曲率的形式，爱因斯坦需要对微分几何——一门测量和描述曲面弯曲程度的学科——有深入的了解。他坚持认为，一切物理定律，包括引力理论，对处于不同运动状态的所有观察者都应当表现为相同的形式，而这对于数学显然有更高的要求。用于描述的方程式必须具有广义协变性——也就是说，无论选取的坐标系是用来测量引力（即曲率）的，还是仅仅是用来描述物体位置的，这些方程的形式都应当相同。例如，不管是用米和秒作为单位还是用英里和小时作为单位来测量加速度，也不管观察者所采用的参考系发生了何种任意的转动或是其他什么变化，这些方程式看起来都一样，也都蕴含着同样的信息。

对爱因斯坦而言，这个任务无疑是繁重的，因为他一直以来都认为复杂的数学技巧对于物理研究没有什么用处，甚至可能掩盖潜在的物理思想。普朗克（Max Planck），德国资深物理学家，也是量子理论的提出者之一，曾于1913年提醒爱因斯坦务必要注意建立理论过程中可能面临的挑战。他的话语回荡在爱因斯坦的耳畔："作为一个比你年纪稍长一些的朋友，我必须提醒你，不要轻视数学，因为首先，这样会使你无法成功；其次，就算你成功了，别人也不会相信你的成果。"[1]

爱因斯坦知道自己陷入了困境，于是转向曾经的大学同学格罗斯曼（Marcel Grossmann）寻求帮助。格罗斯曼如今就职于他们的母校，是

几何学方向的数学教授,他很乐意帮忙。

这已经不是他第一次帮助爱因斯坦了。从1896年到1900年,爱因斯坦在苏黎世的瑞士联邦理工学院学习物理和数学,他们俩在那儿作为同学初次相见。于此期间,爱因斯坦还结识了自己未来的妻子马里奇(Mileva Marić)。爱因斯坦在上学期间经常翘掉自己不感兴趣的课(特别是数学课),以一个拒绝听从教诲、故意疏远老师的叛逆者形象闻名于校;但格罗斯曼却是个做事井井有条、学习勤奋用功的好学生,十分受大家欢迎。他在课堂上精心记录和注释的笔记成了爱因斯坦的救星,帮助爱因斯坦顺利毕业。

即便如此,爱因斯坦与老师之间的紧张关系还是使得他毕业后无法在大学里找到职位。他曾理所当然地觉得自己可以成为学校里某位教授的助手。他所在的毕业班有五位学生,这当中只有爱因斯坦没有获得工作机会。

他徒劳地联系了欧洲各地的著名科学家以寻找职位。1901年5月以后,他更加渴望能获得一份永久性的工作,因为他的女朋友马里奇怀孕了。

爱因斯坦曾写信给奥斯特瓦尔德(Wilhelm Ostwald),一位任教于莱比锡大学的著名化学教授,也是日后的诺贝尔奖获得者。在这封求职信中,爱因斯坦的语气简直像是在恳求:“我的钱用光了,现在只有这样一份工作才能让我的学术研究继续进行下去。”

就在后续的求职信也未得到回应的时候,爱因斯坦的父亲寄去了他自己写的便笺——即便他当时身体欠佳,并且对学术界一无所知。他在便笺中写道:“尊敬的教授,请原谅一位冒失的父亲,他为了自己的儿子不得不向您求助。阿尔伯特今年22岁,已在苏黎世理工学院学习了4年,于去年夏天以优异的成绩通过了考试。之后他一直尝试寻求一个助教的职位,但始终未能成功……我可以向您保证,他非常勤奋用

功，对科学事业也充满了热爱。因此，他对于目前未能找到工作的情况感到十分失落，而且愈发地相信自己的事业正在偏离原来的轨迹。”

爱因斯坦最终也未能从奥斯特瓦尔德那里得到工作机会。不过，在他对格罗斯曼透露了自己所处的困境之后，这位老朋友向他伸出了援手。格罗斯曼的父亲是伯尔尼瑞士专利局局长的故友，这层关系使得爱因斯坦于1902年获得了一份二级专利审查员的工作，并于不久之后与马里奇成婚。

与此同时，格罗斯曼的学术生涯开始大放异彩。就在爱因斯坦进入专利局工作的同一年，格罗斯曼获得了博士学位。5年之后，他成为苏黎世理工学院（后改名为联邦理工学院，简称ETH）画法几何学方向的全职教授。在1911—1912学年的冬季学期，格罗斯曼担任了数学与物理教师部的主席一职。

爱因斯坦则一直在专利局工作，直到1909年，他受聘为苏黎世大学的物理学副教授，从而获得了自己的第一份全职学术工作。1911年，爱因斯坦接受了布拉格德意志大学的邀请，担任该校的正教授一职，但他仅在那里待了16个月。到了1912年，爱因斯坦的名声已与日俱增，他接连收到了好几所大学发来的工作邀请，其中也包括联邦理工学院。这所大学曾经拒绝了爱因斯坦担任教授助理的请求，如今却希望他能够回校受聘正教授。当然，在格罗斯曼的帮助下，双方的协商顺利进行，爱因斯坦回到了母校。

1912年8月，爱因斯坦来到了联邦理工学院的校园。此时也正是他迫切希望得到格罗斯曼相助的时候。

爱因斯坦在翻阅了自己大学时的笔记后，意识到了一点：这场革命，早在他还未参与其中的时候就已经开始了。60年前，格丁根大学有两位杰出的学者——人称“数学王子”的高斯（Carl Friedrich Gauss）以及他的学生黎曼（Bernhard Riemann），他们在那时就已经展开了对曲面几

何学的研究工作。

2000多年来，传统的几何学知识，比如平行线永不相交、空间包含三个维度、三角形的内角和为180°等，可以说是近乎完美，无懈可击。

公元前5世纪，意大利南部的毕达哥拉斯（Pythagoras）和他的门徒们在古埃及人和古巴比伦人的二维平面几何学的成果上，发展出了一套数学法则。比如著名的毕达哥拉斯定理：$a^2+b^2=c^2$，描述了直角三角形三边长度的关系，其中a、b两边夹角为90°，c为三角形的斜边。c不仅是直角三角形中的最长边，也是c边两端点之间的最短距离。

在毕达哥拉斯之后大约200年，亚历山大城的欧几里得（Euclid）同样专注于对平面几何学的研究，并著有一部13卷的巨作《几何原本》（*The Elements*）。他于书中提出的5条公设，2000年来一直被人们奉为圭臬，甚至用来作为几何学的定义。这5条公设看起来似乎无可辩驳，一定程度上也是因为它们实在是再显然不过了。前4条很符合"显然"这一描述：过两点可作一条直线；线段可以向两端方向无限延长；以任意一条线段作为半径，一定可以画出圆；凡直角都相等。

第五公设则更复杂一些。用现代术语来描述，这条公设可表示如下：给定一条直线和一个不在此直线上的点，有且仅有一条直线能够穿过该点并与原来那条直线平行。这一公设实际上与另外两条结论完全等价：三角形的三个内角之和必为180°，圆的周长与直径的比值必为π。

千百年来，数学家们一直在试图证明第五公设可以由前4条公设直接推导得出，但所有的尝试都失败了。尽管如此，欧氏几何依然拥有着至高无上的地位。它不仅仅是分析世间万物的数学工具，而且大自然似乎更像是在按照它的法则来运行。宫殿和教堂的构造处处展现着欧氏几何的线条和角度；几何学已渗透到人类文明的方方面面。

到了19世纪早期，数学家们发现了两种适用于曲面的几何学，其中包含的知识不仅与第五公设矛盾，同时也促使人们开始重新审视宇

宙的形态和性质。即便不是物理学家,数学家们也不再像之前一样被直线所禁锢;空间只能被划分为方格纸上笔直方格的日子一去不复返。在这场剧变中,有四位数学家扮演了至关重要的角色:高斯、黎曼、亚诺什·鲍耶(János Bolyai)和罗巴切夫斯基(Nikolai Lobachevsky)。

亚诺什在特兰西瓦尼亚的山区长大,与法国、德国、英国的数学研究中心都相隔甚远。但他在年轻的时候,就已经沉迷于欧几里得第五公设。他的父亲法尔卡斯·鲍耶(Farkas Bolyai),或许是激发他研究兴趣的一个重要因素。法尔卡斯曾在格丁根大学师从高斯,并曾两度相信自己已经找到了由前4条公设推导得出第五公设的证明方法,但高斯每次都指出了证明当中的谬误之处。法尔卡斯深知自己在试图证明定理的过程中是多么心力交瘁,于是警告他的儿子,这一研究会剥夺自身的健康、内心的安宁和生活的幸福。"我知道这条路的尽头是什么,"他在1820年给儿子的信中写道,"我经历过这深不可测的夜晚,它抹去了我生命中所有的光芒和欢乐。我恳求你,远离对平行线的研究吧……一定要以我为鉴。"[2] 高斯,这位沉默寡言而又无比伟大的天才,也拒绝接受亚诺什作为自己的学生。但这位年轻的数学家依然在锲而不舍地进行研究。

起初,他打算使用一种科研中常见的策略来证明第五公设,也就是反证法:先假定某个结论是错误的,再由这样的假定推导得出一些荒谬的结果,从而证实之前的那个结论一定是正确的。然而,亚诺什并未得到自相矛盾的推导结果,而是于19世纪20年代发现了一种"虚几何",它所适用的曲面看起来就像是一片品客薯片。在这种马鞍形状的双曲几何面上,三角形的内角和小于180°,并且对于某条给定直线,有无数多条直线与之平行。他宣称,自己发现了"令我惊叹不已的奇妙事物"[3]:这是一个数学的天堂,一个曲面几何的世界,它和欧几里得的平面空间截然不同。

可是当亚诺什联系高斯时,这位受人尊敬的数学家却拒绝对他表示赞扬,并表示自己多年前就已经得出了类似的结果,只是从未公开发表罢了。事实上,高斯确实经常会雪藏一些他自己觉得可能有争议的学术成果,不将其公之于众。对于那些数学家和哲学家的主流思想,比如康德(Immanuel Kant)将欧氏几何看作直观且普适的真理的观点,高斯并不会公开反对。

然而高斯在给朋友的信中透露了自己的想法。1824年,他在信中写道:"如果假定[三角形]内角和小于180°,就会创造出一种新的几何学,它与我们的(欧氏)几何大相径庭,可也是自洽的,并且我已经将其发展到了令人相当满意的程度。"[4]

与此同时,亚诺什将自己的成果写入了著作《空间的绝对几何学》(*The Absolutely True Science of Space*)中,作为他父亲所撰写的专著的附录,于1831年公开发表。文章并没有受到什么关注。在因为高斯的回复而饱受打击之后,亚诺什还会发现另一个令人沮丧的事实:有一位数学家已经在他之前发表了类似的成果。

在一座叫作喀山的俄罗斯城市,数学家罗巴切夫斯基发现了同样一种"虚几何"——双曲几何,并将关于这一发现的文章发表在1829—1830年的《喀山通讯》(*Kazan Messenger*)。这本俄语杂志是喀山大学下属刊物,读者并不太多。

亚诺什和罗巴切夫斯基二人,直到去世时也不知道自己的工作成果会在日后产生持久的影响。灰心丧气的亚诺什过着隐居的生活,在留下了20 000页数学手稿后于1860年撒手人寰,享年57岁。在那之前几年,罗巴切夫斯基也于默默无闻中黯然离世,临终前已近乎失明,无法行走。高斯和他的学生黎曼则将他们的工作继续进行了下去,研究成果最终会在爱因斯坦的广义相对论中得到充分的应用。

就在高斯处理麻烦的个人事务的时候——既需照顾生病的母亲,

又要时不时地和想要从格丁根搬到柏林的妻子吵架拌嘴——他对微分几何产生了兴趣。他发现适用于平面的毕达哥拉斯定理所描述的长度之间的关系,经过一定修改后就可以用来测量某个表面的内禀曲率。他还证明了仅用高斯曲率一个数值就可以完整地描述圆柱体或球体这类结构的表面曲率。

高斯的学生黎曼,则将这一研究推向了更高的维度。黎曼出生于汉诺威王国的小镇布列斯伦茨,父亲是一名贫穷的路德教会牧师。他在六个孩子中排行第二。黎曼虽然自小体弱多病而又安静害羞,但他早早展现出的数学能力却令家人和教师备感震惊。起初是父亲辅导他学习,但在10岁时黎曼就开始接受一名专业教师的指导,并且他的老师时常发现这个学生做出的数学证明比自己的还要完美。

1846年,黎曼的家人凑够了钱,将他送去了格丁根大学。黎曼打算成为像他父亲一样的牧师,但他在学习神学和哲学期间也选修了一些数学课,其中就包括高斯开设的课程。最终,黎曼的父亲允许他攻读数学学位。此后他又前往柏林大学学习了一段时间,并于1849年又回到了格丁根。在那儿,他对几何学的兴趣日益增长。1851年,黎曼在高斯的指导下完成了博士论文。他在文章中展示了一组奇异的数字,每个数字里都有一部分与$\sqrt{-1}$这个虚数成正比,而且这组数字可以用曲面来表示。

接下来,黎曼又为另一个学衔努力,这可以使他具备成为德国的大学讲师的资格,并且养活自己。为了获得这个学衔,黎曼需要作一次资质报告,即见习演讲。像所有学生一样,他向教授们提交了三个演讲题目。对于前两个题目,他已做过充分的研究,而第三个题目与几何学基础相关,他对此却并未做好充足的准备。一般而言,教授们会选取学生提交的前两个题目中的一个,但高斯出于对几何学的兴趣,毫不犹豫地选择了黎曼没怎么演练过的第三个题目。

既要急急忙忙地准备这场几何学主题的演讲，又要努力克服长期以来对上台公开讲话的恐惧心理，在这样的状态下，黎曼生病了，因此不得不取消原定日期的演讲。由于70多岁高龄的高斯身体抱恙，第二次演讲计划也被迫取消。最后，黎曼于1854年6月10日终于完成了自己的演讲，题目是"论作为几何学基础的假设"。现场的听众中，或许只有高斯完全理解了这场演讲的内容，但后世的专家们公认，这是数学史上最富有远见的演讲之一。黎曼此时年仅27岁。

在演讲中，黎曼拓展了高斯在测量二维空间曲率方面的工作，使其可以应用到更高的维度——三维、四维乃至任意维。黎曼还考虑到了一些曲面，这些曲面上不仅各个点的曲率可能不同，从同一点出发的不同方向上的曲率也可能具有不同的值。这一观点恐怕是某些人所竭力反对的。

爱因斯坦则迫切需要格罗斯曼的帮助，来理解和使用黎曼曲率这一崭新而艰深的数学知识。

"格罗斯曼，"爱因斯坦闯进朋友的家里，大声喊道，"你再不帮帮我，我可就要发疯了！"[5]

由于曲面的变化十分复杂，格罗斯曼必须先帮助爱因斯坦理解张量，一种可以一次记录多个变量的数学工具。他为爱因斯坦特别介绍了能够直接衡量空间曲率的黎曼张量。爱因斯坦欣然接受了黎曼张量这一概念，并且利用它去描述时空曲率，而不仅仅是空间曲率。张量为爱因斯坦提供了将引力源——如质量、动量、能量——与时空曲率等效为同一形式的方法，而这一形式在所有的坐标系中都保持不变（详情参见"深入讨论：黎曼的工作和度规张量"）。

格罗斯曼还为爱因斯坦介绍了微分学，用以计算任意曲率曲面的性质。相关知识内容由克里斯托弗尔（Elwin Bruno Christoffel）创建，后

经帕多瓦大学的里奇-库尔巴斯特罗(Gregorio Ricci-Curbastro)和他的学生莱维-齐维塔(Tullio Levi-Civita)的研究得以发展成熟。

有一件事是确定无疑的。爱因斯坦一生中从未像此时一样努力工作过。1912年,爱因斯坦在给朋友的信中写道,与引力的问题相比,狭义相对论"不过是儿戏罢了"[6]。他也因此对数学产生了一股新的敬意。

爱因斯坦和格罗斯曼达成一致,决定一起工作。他们在苏黎世理工学院小小的棕色笔记本上进行了大量的计算,这成了他们一整年的合作成果。

1913年,他们联合发表了论文《广义相对论和引力理论纲要》(Entwurf einer verallgemeinerten Relativitätstheorie und einer Theorie der Gravitation),该文通常也被简称为《纲要》(Entwurf)。爱因斯坦负责撰写其中物理部分的内容,格罗斯曼则负责数学部分。二人在《纲要》中推导得出的方程与之后完整的广义相对论中所包含的方程十分相似。其中应用的数学形式具有完全的广义协变性,即在所有的参考系中都可用同一方式来描述引力产生的曲率。现在,已可以说是胜利在望。

可是随后爱因斯坦和格罗斯曼却放弃了自己取得的成果。他们发现当引力的效果很弱且不随时间变化时,自己的方程无法简化为牛顿引力定律的形式,而这一点是必须要满足的。同样令人担心的是,论文中的方程形式似乎无法保证能量守恒。

他们认为,只有一种方法可以修补这些致命的缺陷,那就是放弃对广义协变性的要求。新的方程对引力曲率的描述在一部分相对运动的观察者看来具有相同的形式,但并非对所有的观察者都可以满足。爱因斯坦甚至想证明广义协变性根本无法实现,只有有限的协变性才可能存在。

起初,爱因斯坦在他的朋友们面前夸下海口,宣称自己的引力理论即将大功告成。但他终究开始担心了起来,觉得放弃了广义协变性或

许就意味着要放弃等效原理：均匀的加速度**似乎**并不**总是**可以被匀强引力场所替代。等效原理对于爱因斯坦而言就像是北极星，自1907年以来就一直指引着他不断深入对引力和时空性质的理解。爱因斯坦在内心里从没放弃过等效原理，只是打算将它暂时搁置。

与此同时，爱因斯坦从苏黎世搬到了柏林。三位著名的德国科学家：化学家哈伯（Fritz Haber）、物理学家普朗克和能斯特（Walther Nernst），向爱因斯坦提供了一个他无法拒绝的工作机会：成为普鲁士科学院的成员，受聘为教授且不用承担教学任务，并被许诺将会担任筹划中的威廉皇帝研究所理论物理学方向的学科主任。随着爱因斯坦的学术成就得到越来越广泛的认可，柏林当局忽视了他曾宣布放弃德国国籍以及从未在普鲁士军队中服过兵役的事实；在那个反犹主义盛行的年代，对于他的犹太人身份也不闻不问。

爱因斯坦想搬去柏林其实还有一个更私人的原因。他和妻子之间紧张的关系已经持续了多年。他们两人在理工学院读书期间一直形影不离。婚后，每当晚上爱因斯坦从专利局回到家中，他们便会在煤油灯下一起研究物理学问题。但马里奇在理工学院的期末口头考试中两次不及格，一直没能毕业，因而觉得自己离丈夫的学术生活越来越远，在家里也时常被忽视。热恋时，爱因斯坦曾亲切地称呼马里奇为自己的“娃娃”；可如今的他却变得疏远和冷酷。

1912年，在爱因斯坦去柏林看望自己守寡的母亲期间，他和自己的表姐埃尔莎（Elsa Einstein Lowenthal）重新建立起了友谊并很快发展为恋情。他告诉埃尔莎，自己很爱他，并且不必担心马里奇。“我的妻子在我看来不过是个不能解雇的员工罢了。”[7]他在信中写道。

1914年4月爱因斯坦来到柏林不久之后，马里奇和他们的两个年幼的孩子也搬了过去。他们并没有在柏林待很长时间。三个月后，她和孩子们就又回到了苏黎世，此后便一直不曾离开。

对爱因斯坦而言，这一年在其他方面也很混乱。8月1日，德国向英法宣战。尽管爱因斯坦多年前就已经宣布放弃了德国公民身份并加入了中立国瑞士的国籍，但他现在依然相当于是在敌后工作。所有与西欧其他地区科学家的通讯都被切断了。在柏林，英国人和法国人，或是被怀疑有这两国国籍的人，遭到驱赶和袭击。不知是出于爱国主义热情还是出于对营业额损失的担心，那些名字带有英语发音的餐厅的老板纷纷给自己的店面改名；广受欢迎的温莎咖啡馆（Café Windsor）改名为了温泽咖啡馆（Kaffee Winzer）。战争爆发时，德国天文学家弗罗因德利希（Erwin Finlay Freundlich）刚刚抵达克里米亚，目的是对1914年8月21日的日食进行研究。他希望通过这次观测来验证爱因斯坦提出的引力可以弯曲光线的理论。可战争刚开始，他和同伴立刻就被当作敌军扣押在了俄国，设备也被全部没收。

1914年10月，93名德国科学家联合签署宣言，表示将无条件支持德国军队。爱因斯坦却拒绝在这份《93人宣言》（Manifesto of the Ninety-Three）上签字，反而在一份抗议德国侵略行为的声明书上签下了自己的名字。只有4位科学家签署了这份声明。

爱因斯坦试图通过自己非凡的专注力，来忘掉战争的存在。可有些时候，战争的阴霾仿佛只有咫尺之遥，实在是难以视而不见。爱因斯坦的办公室位于威廉皇帝物理化学研究所，研究所的主任是哈伯。爱因斯坦来到柏林后，哈伯就和他结交为好友。为了协助战争，哈伯与合作伙伴展开了对氯气这种有毒气体的实验研究。1914年12月17日，在哈伯的实验室里，一支装有卡可基氯（一种不稳定的化学物质）的试管着火了，随后发生了爆炸。一位研究员在这次事故中丧生，另一位则失去了右手。爱因斯坦的办公室幸免于难。

除了战争，爱因斯坦尽力想要忽视的还有一些对他与格罗斯曼共同撰写的《纲要》的批评。爱因斯坦的另一位大学同学贝索（Michael

Besso)是他的好朋友,曾提醒爱因斯坦《纲要》中的方程会令旋转木马的恒定加速度无法用引力场来解释,这无疑又是一个对等效原理的沉重打击。爱因斯坦没有把这一点放在心上。他于1913年提出的理论也无法解释水星轨道的进动。然而到了1914年底,爱因斯坦对这一理论愈发着迷起来,并发表了一篇长长的解释性论文。

1915年初,爱因斯坦致力于其他的研究课题,甚至涉足了磁学的实验室工作。6月底,高斯的接班人数学家希尔伯特(David Hilbert),邀请爱因斯坦前往格丁根作一系列关于相对论的演讲。

后来,爱因斯坦写信给朋友索末菲(Arnold Sommerfeld),说自己当时非常想见到希尔伯特,并且很高兴希尔伯特和另一位格丁根的数学家克莱因(Felix Klein)能够认可自己的理论。实际上,希尔伯特也被爱因斯坦的报告深深打动,以至于立刻就开始研究起了相对论中的数学理论。

1915年9月,爱因斯坦前往瑞士度假,并探望自己的家人。等到10月份他刚一回来,就准备宣布自己于1913年和格罗斯曼合作创建的理论是错误的。等效原理太重要了,实在是不容忽视。

在不顾一切拯救自己的理论的过程中,爱因斯坦让数学成为自己的指路明灯。他曾认为自己和格罗斯曼推导得出的协变方程一定是错的,但经过重新思考后爱因斯坦欣喜地发现,这个想法才是错的。通过数学上的仔细推敲,他意识到协变方程**确实**可以满足能量守恒,也**确实**可以在弱引力场限制下简化为牛顿引力定律。

10月下旬的某一天,爱因斯坦收到了一封来自朋友索末菲的信。信的内容令人不安:索末菲提到他不是唯一一个正在修正这一理论的人。希尔伯特也发现了《纲要》中的瑕疵,并且正打算用自己的方式正确表述其中的内容。

爱因斯坦花费了8年时间研究广义相对论,此时的他可不想让胜

利的果实被他人所攫取。1915年11月,爱因斯坦非常活跃地在普鲁士科学院举办了4次演讲,时间都在每周的周四。值得注意的是,这些演讲并没有相互关联,而是共同展现了他在努力研究张量数学和物理问题时产生创造性思维的曲折过程。在演讲间歇的时间里,他和希尔伯特互寄了很多张明信片,告诉对方自己目前的进展——也暗示着自己与终点线的距离。在其中一封信上,爱因斯坦明确指出,希尔伯特的方程组和自己几周之前推导得到的方程完全等价,并且自1912年与格罗斯曼的合作以来,他对于这一结果早已心知肚明。

在11月4日的第一次演讲中,爱因斯坦否定了自己在《纲要》和1914年的一篇后续论文中的成果,提出了全新的公式来描述引力。但几天后,他便意识到自己的新成果也存在问题。在11月11日的第二次演讲中,他抛弃了之前的表述方式,又提出了新的方程。11月18日,兴高采烈的爱因斯坦透露了一个令人兴奋的消息:利用这个新的方程,他成功算出了正确的水星轨道进动数值。

11月25日,爱因斯坦在最后的这场演讲中再一次否定了之前得到的方程。这一次,他终于找到了正确方法来描述时空和引力/质量-能量之间不可侵犯的关系。这也是20世纪最引人注目的发现之一。

爱因斯坦的方程结构精巧,只有这么一行:

$$R_{\mu\nu} - 1/2Rg_{\mu\nu} = 8\pi G_N/c^4\ T_{\mu\nu}$$

这个方程100多年来一直在发挥着重要的作用(详情参见"深入讨论:爱因斯坦方程的含义")。它告诉我们:宇宙正在膨胀;旋转的物体会拖曳时空,就像是搅拌机的刀片在搅动面糊;引力会像变焦镜头一样显现出约140亿年前宇宙中诞生的部分第一代星系。爱因斯坦方程还揭示了所有天体中最诡异的存在——黑洞。

让我们再次回到1915年。由于在欧洲肆虐的战争以及英国的全面封锁,除了德国,其他国家的人对于爱因斯坦的工作根本一无所知。

但爱因斯坦还是把他的工作成果复印了一份寄给身在中立国荷兰的同事德西特(Willem de Sitter)。他又寄了一份给英国天文学家爱丁顿(Arthur Eddington),这位科学家会在验证广义相对论的过程中扮演极为重要的角色——爱丁顿将会吸引全世界的注意,并且帮助爱因斯坦成为第一位举世闻名的科学巨匠。

深入讨论:黎曼的工作和度规张量

爱因斯坦在创建广义相对论的过程中使用了很多数学知识,而黎曼对曲率的描述无疑是其中的重要组成部分。缺少了它,爱因斯坦不可能得到广义相对论的最终形式。

为了说明黎曼的工作,让我们首先回忆一下二维情况下的毕达哥拉斯定理。令(x_1, y_1)和(x_2, y_2)为平面方格纸上的两点坐标,l为两点间的距离,则有$l^2 = (x_1 - x_2)^2 + (y_1 - y_2)^2$。让这两个点互相靠近,使得它们在$x$轴方向上的距离为一个无穷小量(把它叫作$\mathrm{d}x$),在$y$轴方向上的距离也为一个无穷小量(把它叫作$\mathrm{d}y$)。这样一来,两点间距离同样变为无穷小量$\mathrm{d}l$,且满足公式$\mathrm{d}l^2 = \mathrm{d}x^2 + \mathrm{d}y^2$。当然,这只不过是毕达哥拉斯定理在微小距离情况下的应用。

现在,让我们将范围扩大到四维——3个空间维度(长、宽、高)和1个时间维度。考虑两个事件,它们之间的时间间隔为无穷小量$\mathrm{d}t$,长、宽、高方向上的间隔也分别为无穷小量$\mathrm{d}x$、$\mathrm{d}y$、$\mathrm{d}z$。如果时空是绝对平坦的,那么这两个事件之间的间隔就可以通过毕达哥拉斯定理在四维情况下的拓展形式求得:$\mathrm{d}l^2 = \mathrm{d}x^2 + \mathrm{d}y^2 + \mathrm{d}z^2 - \mathrm{d}t^2$。(时间坐标前的负号暗示了光速的恒定不变性。)如果我们想再搞出一些花样,就可以把它写成另一种完全相同的形式$\mathrm{d}l^2 = g_{xx}\mathrm{d}x^2 + g_{yy}\mathrm{d}y^2 + g_{zz}\mathrm{d}z^2 + g_{tt}\mathrm{d}t^2$,其中空间坐标前的系数$g$全部设为1,时间坐标前的系数$g$则设为$-1$。

在弯曲的时空中，间隔dl更为复杂。要想计算这个无穷小的长度，需要考虑到所有可能的两组坐标之间的乘积——既有之前的x^2、y^2、z^2、t^2，也有xy、xz、xt、yz、yt、zt。此外，每个乘积项前的系数g也不再等于1，而是取决于在空间和时间中所处的位置。因此，我们可以写出如下方程：

$$
\mathrm{d}l^2 = g_{xx}\mathrm{d}x^2 + g_{yy}\mathrm{d}y^2 + g_{zz}\mathrm{d}z^2 + g_{tt}\mathrm{d}t^2 + g_{xy}\mathrm{d}x\mathrm{d}y + g_{xz}\mathrm{d}x\mathrm{d}z + g_{xt}\mathrm{d}x\mathrm{d}t + g_{yz}\mathrm{d}y\mathrm{d}z + g_{yt}\mathrm{d}y\mathrm{d}t + g_{zt}\mathrm{d}z\mathrm{d}t
$$

这些系数g统称为度规张量，可以用来完整地描述四维时空的曲率。并且，尽管系数g的值会因曲率测量者选用的坐标系不同而发生变化，但这个方程的形式和无穷小距离dl的表达式，都是始终如一的。

正是通过度规张量，爱因斯坦才能对质量和能量弯曲时空的方式进行描述。

深入讨论：爱因斯坦方程的含义

爱因斯坦方程$R_{\mu\nu} - 1/2Rg_{\mu\nu} = 8\pi G_N/c^4\ T_{\mu\nu}$或许看起来很神秘，但只需通过一种关于质量和时空的简洁而深刻的陈述，就可以表明方程背后的含义。为了做到这一点，让我们分别考虑等式的左右两边。

等式的左边描述了时空曲率，其中包括了黎曼提出的度规张量$g_{\mu\nu}$（详情参见“深入讨论：黎曼的工作和度规张量”）。在爱因斯坦的理论中，曲率代替了牛顿提出的引力概念。

等式右边包含了与物体弯曲时空的能力相关的所有性质——质量、能量（爱因斯坦认为质量和能量是等价的）、动量和压力，其中最重要的一项是能动张量$T_{\mu\nu}$。

因此，天体物理学家兼科普作家卢米涅(Jean-Pierre Luminet)提出，我们可以采用一种更简单的形式来象征性地表示这一方程：

$$\boldsymbol{G} = \boldsymbol{T}$$

其中，**G**代表时空的几何形态，**T**则代表物质。时空的几何形态与物质等价，爱因斯坦方程归根结底就是这个意思。黑体的**G**和**T**表明它们并不仅仅是数字，而是张量，因为它们记录了多个方向或变量。在广义相对论中，每个张量都包含有10个独立的分量，因此这个简洁的方程其实是10个方程的简写形式。

第三章

爱丁顿的使命

年幼时,他就展现出了对数字的迷恋。在学会识字之前,他已开始学习24×24的乘法表,并且希望自己可以回到家乡——一个海边的英国小镇,这样就可以在那里的滨海大道上数星星。他内敛矜持,勤奋好学,并且像父母一样是虔诚的贵格会*教徒。15岁那年,他获得了曼彻斯特欧文斯学院的奖学金。到了1918年夏天,爱丁顿,这位英国天文学家,就已是研究恒星结构的专家,精通数理物理学,并被任命为剑桥大学天文台的台长。

但他也差一点儿被送进监狱。

爱丁顿的麻烦始于两年前。到1916年3月,第一次世界大战已持续了19个月,所有的英国志愿部队都面临着人力短缺的问题。在布满铁丝网和战壕的无人区,毒气和机关枪已经夺去了数十万士兵的生命。政府决定下达强制服兵役的命令。

爱丁顿终身都是贵格会成员,作为一名和平主义者,他准备以宗教原因请求免除服役。但是剑桥天文系的主管人员很快便介入此事,担保爱丁顿只是因为科研工作的重要价值而请求免服兵役。当时的媒体

---

* 即"公谊会",基督教新教宗派之一。提倡和平主义,反对一切战争和暴力。——译者

将因良知而拒服兵役的人称为胆小鬼和堕落者，而天文系的领导并不敢承担因团队中存在这样一个人而遭受舆论羞辱和谴责的风险。

那些出于宗教或道德原因拒服兵役的人中，有很多被送进了劳工营；还有一部分人在免役申请未能通过后被捕入狱。一名贵格会教徒曾经提过，他被带到了一处隔离区并遭到殴打以至于无法站立，之后又因违背了一位上校的命令而被强迫进食。

战争的影响无处不在。即使是在历史悠久的剑桥校园里，爱丁顿也无法令自己置身事外。1914年时他和母亲及妹妹的住所就在剑桥大学天文台的门廊附近，从那里望去，他可以看见有些庭院已变为军事训练场，还有一间自习室被改建成了士兵食堂。有5名本科生和15名研究生因拒绝服兵役而遭到逮捕。

即便如此，爱丁顿还是不愿保持低调。当时，一位剑桥的教授曾公开宣称："德国人天生就因身体器官构造的缺陷而无法读我们的诗。"[1]著名的英国杂志《自然》(*Nature*)也发表文章批判德国科研工作的低劣。在这样的大环境下，爱丁顿却公开力劝英国天文学家不要将对战争的负面情感带入自己的工作，并且要继续与德国同行保持合作关系。

对出生于德国的物理学家爱因斯坦提出的全新的引力理论，爱丁顿十分感兴趣。此时的爱因斯坦居住在柏林，爱丁顿无法和他直接交流。但爱因斯坦仍然可以前往当时还是中立国的荷兰拜访同事，并且就自己的新理论为一些天文学家（比如德西特）提供指导。正是德西特将1916年爱因斯坦的几篇广义相对论领域的重要著作偷偷带给了爱丁顿。在战事结束之前，它们可能是这几篇文章在英国境内唯一可见的版本。

爱因斯坦在文章中否定了牛顿的观点，即引力是一种可以跨越空间的作用。爱因斯坦的看法是，引力本身**就是**空间。具体来说，空间和时间并不是僵直固化的，而是像果冻一样摇摆不定。大质量物体会扭

动或弯曲这不稳定的时空,就像一个很胖的人睡觉时会把床垫压得下陷变形。石头会滚向很重的物体,并不是由于力的作用,而是因为重物在时空上压出了一条石头的必经之路。

对于这一理论,爱丁顿不仅欣然接受,还不遗余力地倡导宣传。他在科研会议上劝说自己的同事接受爱因斯坦的理论,还就爱因斯坦的关于弯曲时空的奇妙概念发表了评论文章,并且在批评者们试图贬低爱因斯坦的工作时为其辩护。只有少数几个科学家可以理解爱因斯坦的理论中复杂的数学语言,爱丁顿便是其中一个——有人说他是全英国唯一的一个。

爱丁顿一直希望能够对这一理论进行验证,并且早在1911年就构想出了验证的方法。如果物体的质量足够大,比如太阳,就会使所有经过其附近的物体的运动路径发生弯曲,即使是星光也不例外。当太阳在天空的另一边时,如果恒星的视位置与它在太阳附近时的视位置有所不同,就可以说明星光发生了弯曲。

通常情况下,尝试进行这样的观测无疑是一种愚蠢的行为。太阳圆面的夺目光芒会完全盖过周围恒星的微弱光线。然而,当月球恰好运行到太阳和地球的正中间时,正是在地球上极少数地区观测到那些视位置在太阳附近的恒星的难得时机。月球的大小是太阳的1/400,而日地间距离又是月地间距离的400倍,由于这样一个惊人的巧合,月亮恰好可以遮住整个太阳,从而产生一次日全食。

第一次为验证爱因斯坦的理论而对日食进行的观测并未顺利完成。爱丁顿和一位同事计划于1912年10月10日的日全食期间在巴西拍摄星光弯曲效应,然而一场大雨破坏了这次观测。1914年8月初,天文学家弗罗因德利希和他的同事率领一支考察队离开德国,打算前往俄国观测1914年8月21日的日全食。这群德国科学家刚抵达克里米亚,第一次世界大战便爆发了。弗罗因德利希和两名同事立刻被地方

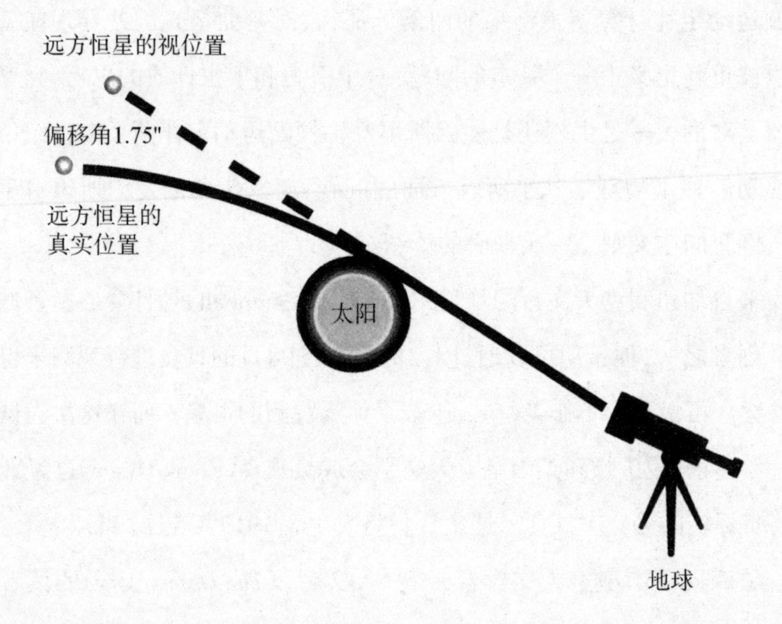

太阳弯曲星光的图示。爱因斯坦的理论预测，星光的弯曲路径会使得恒星的视位置改变1.75″。(图源：迪尔)

当局当作间谍逮捕，他们的望远镜也被当作敌人的监视设备而被没收。几周后，当局在进行战俘交换时释放了他们，但他们的仪器设备则被扣押了很多年。

观测道路上的挫折只会给之后的探索过程增添更大的吸引力。而且这对于爱因斯坦而言其实也不是一件坏事。1915年末，爱因斯坦发现，正确的星光偏离值应当是他于1911年时(那是在他完善自己全新的引力理论之前)算得结果的两倍。如果之前的观测成功记录下了星光的偏离值，人们就会发现爱因斯坦的(错误的)原始预测值无法与实际情况吻合，这样的话他的理论恐怕就要被(暂时地)扔进垃圾堆了。

在爱因斯坦修正了自己的计算结果之后，那些坚持牛顿的观点(即认为引力是一种物体之间的吸引作用)的科学家们所做的工作，与爱因斯坦的工作之间的差异变得更为明显。爱因斯坦算得的新数值是通过

牛顿运动定律计算所得结果的两倍。那么,对弯曲星光的搜寻现在就可以被重新定义为一个基本的问题:对于引力和宇宙性质的思考,究竟谁才是对的——是牛顿还是爱因斯坦?牛顿的运动定律两个多世纪以来成功解释了物理学几乎所有方面的问题;崭露头角的爱因斯坦对于时空概念的定义则是一次彻底的革新。

来自加州利克天文台的坎贝尔(William Campbell)是日食摄影领域的开创者之一,他希望可以通过对1918年6月8日的日食进行观测来得到答案。可惜天公不作美,乌云遮蔽了他要观测的恒星。而在这次尝试的一年多前,爱丁顿和英国皇家天文学会成员戴森(Frank Dyson)已经开始将目标转向另一次日食。这次日食将发生于1919年5月29日。

戴森向英国皇家天文学会月刊《天文台》(*The Observatory*)的读者指出,对1919年日食的观测拥有很多有利条件。这次日食的持续时间长达6分多钟,是20世纪时间最长的几次日食之一。此外,日食发生时,太阳将穿过一片背景星众多的天区,即毕星团,其中有大量的恒星可以用来验证爱因斯坦对星光弯曲的预测。还有一点:这些恒星相对而言都很明亮。戴森强调,这一点其实很重要,因为日食发生时天空并不是完全黑暗的。太阳炽热的外层大气,也就是日冕,通常情况下是不可见的,但是在太阳圆面被遮住时,日冕会变成太阳周围的一圈光晕,从而很难拍摄附近的暗淡恒星。

对1919年日食的观测需要前往世界上的某些偏远地区,戴森和爱丁顿必须精心筹备他们的观测计划。但与此同时,战事仍在持续。1918年初,英国军方迫切需要填补数十万士兵阵亡导致的人力缺口。申请免除兵役的人员受到了更加严格的审查。1月时,军事法庭下达决议,35岁且单身的爱丁顿应于3个月内结束以科研工作为由的免除兵役状态。到了4月,他获准延长3个月的免役时间,但在1918年6月14日于剑桥举行的一场听证会上,军方又取消了爱丁顿的免役资格。

根据《剑桥每日新闻》(*Cambridge Daily News*)的报道,委员会主席霍华德(S. G. Howard)少校当时"声称如果将爱丁顿教授交由政府管理,就可以使他的能力更好地应用于战争之中"。爱丁顿起立并回应道:"我是一个出于良知而拒服兵役的人。"[2]

但法庭拒绝考虑他的诉求。一个人可以因为工作性质或是宗教信仰而免除兵役,但不能二者皆占。尽管爱丁顿解释说,他一开始申请的就是出于宗教原因免除兵役的身份,不过法庭对此的结论是:"这不是摆在我们面前的问题。"[3]

6月28日,爱丁顿在剑桥的本地法庭为自己辩护,询问法庭是否会考虑给予自己出于宗教原因免除兵役的身份。"我的反战思想是出于自己的宗教信仰,"他在法庭上说道,"我认为上帝并没有召唤我去屠杀他人,那些人和被送到战场上的本国国民一样,只是被相同的爱国主义动机和所谓的宗教义务所鼓动罢了。"他之后的话更加直截了当:"就算出于良知而拒服兵役的人最后背弃了自己的信仰,参与到战争之中,决定了战事胜负的走向,这种主观上对上帝意志的违背也并没有在真正意义上造福于国家。"[4]

《剑桥每日新闻》报道,法庭在审议后认定此案"对爱丁顿教授十分不利"[5]。但法庭并没有做出最终的判决,而是让爱丁顿于7月11日之前获得征兵部门的许可,从而使得法庭可以考虑他的诉求。

与此同时,剑桥的科学家们又一次尝试帮助爱丁顿,使他能仅以天文观测研究的原因而免除兵役。这一次的努力看起来大有希望:爱丁顿所要做的只是回复一封信,表明自己的工作对国家科学事业的重要性,并签上自己的名字。爱丁顿也这么做了,但他觉得自己必须要再加上几句附言。他在信的最后写道,即使自己的工作对国家科学事业并没有那么重要,他也会申请因良知拒服兵役。他的附言完全破坏了这封信的本意,这令他的剑桥同事们非常恼火。

然而，上级部门确实批准了法庭在7月11日重新开庭时考虑爱丁顿申请因良知拒服兵役的诉求。那时的爱丁顿已近乎绝望。他向同事寻求声援信，但只有一部分人回应了他。在听证会上，爱丁顿出示了一封来自戴森的信。戴森不仅是英国皇家天文学会成员，也是皇家学会和皇家天文学会联合常设日食委员会的主席。

戴森认真地构思了这封信的内容，希望可以通过这封信令法庭上的各方人员有所触动。在对爱丁顿的工作表示称赞之后，戴森在信中写道，这位天文学家的学术研究"在众望所归之际继承了英国科学的优秀传统，理应得到支持，特别是考虑到现在所流行的一种错误观点，即认为最重要的科学研究都是在德国进行的"。

之后，戴森又提了一件重要的事："还有一点希望大家能够注意。我是皇家天文学会联合常设日食委员会的主席，委员会最近收到了一笔1000英镑的拨款，目的是资助明年5月的一次意义重大的日全食观测活动。在目前的情况下，几乎没有人能够胜任此次观测任务，而爱丁顿教授是完全有资格进行本次观测的，所以我希望法庭可以批准他前去完成这一工作。"[6]

这封信起到了该有的作用。当地法庭宣布，爱丁顿是一名真正的出于良知拒服兵役者，**并且**他的工作"对于这个国家乃至整个世界的科学知识领域都具有十分重要的意义"。法庭给予了爱丁顿12个月的免役期，条件是这段时间内爱丁顿需要继续从事科研工作，特别是即将到来的日食观测活动。在一战中最暗无天日的那段时期里，伴随着德国军队炮击巴黎的一声声轰响，爱丁顿和一支英国天文学家团队得到了官方的许可，得以对一种古怪而新奇的理论进行验证，而这一理论却是由一位出生于德国的科学家在敌后地区提出的。不仅如此，如果爱因斯坦是正确的，那么牛顿，这位现代科学思想的奠基者和英国人眼中的国家英雄，他的学说也将被推翻。

根据计划，考察人员需要乘蒸汽船航行数千千米，前往亚马孙河流域和非洲的偏远地区，以观测太阳的短暂变暗过程。爱丁顿和来自北安普敦郡的钟表匠科廷厄姆(Edwin Cottingham)将一同前往普林西比岛——一座位于非洲西海岸附近、由葡萄牙人统治的岛屿。皇家格林尼治天文台的克罗姆林(Andrew Crommelin)和戴维森(Charles Davidson)则将前往巴西北部的索布拉尔。

这幅画出自1919年11月22日的《伦敦新闻画报》(*Illustrated London News*)，展示了1919年爱丁顿的日食观测活动的几点特征。这次观测验证了广义相对论的一个重要预言，从而令爱因斯坦一夜成名。(图源:《伦敦新闻画报》)

爱丁顿将这次远行称作是自己生命中的一次天文探险。对于他这样一名贵格会教徒而言,这也是一次融入了自己核心信仰的饱含私人感情的冒险经历。在他看来,能够进行这次日食观测是人道主义思想战胜了战争与仇恨的鲜明例子。在领导1919年观测活动的过程中,他对贵格会的动机和思想进行了宣传。一战结束后,贵格会教徒建设难民营,不顾协约国武装力量的封锁,偷偷为身处饥荒中的德国儿童提供食物。尽管在当时的英国,他们被蔑称为“德国佬爱好者”,但这些贵格会教徒是真正的冒险者。爱丁顿在对弯曲的光线进行测量的过程中,也是这么看待自己的。

在远行开始之前,爱丁顿和同事需要选择并准备好带去普林西比岛和索布拉尔的仪器。在停战之前是无法完成这份工作的。1918年11月时,在皇家格林尼治天文台唯一能找到的工匠就只有机修工;天文台的木工还在军队中服役。根据安排,队伍要在1919年3月启航,可供准备的时间只有几个月了。

要做的事情还有很多。在1月和2月的时候,爱丁顿对毕星团的恒星进行了夜间观测。这么做是为了记录下当太阳不在附近时这些恒星的位置,从而可以比较得出日食发生时恒星因太阳存在而导致的位置变化。这些恒星的位置改变值将决定爱因斯坦和牛顿究竟谁才是正确的一方。

在爱丁顿观测恒星的时候,克罗姆林则忙着收集所需的观测工具。他尽可能地确保自己的设备——用于对大面积天区进行观测和拍摄的天文望远镜以及一组反射镜——处于最好的工作状态,只有这样才有可能测量得出爱因斯坦所预言的星光路径的微小偏差。实际上,恒星位置的最大偏差值也不过只有1/49 000°——相当于从2英里*外测

---

*1英里约为1.6千米。——译者

量一个1/4°的夹角。这就意味着天文学家要在照相底板上测量出比印刷品上的句点还要小的星光路径偏差距离。

天文学家并不会完整地运输一台望远镜,因为它的部件十分复杂且脆弱。相反,只有仪器的物镜会被装上船运走。这些镜片将被装进空心钢管的一端,日食期间则在另一端放入照相底板。

为了最大限度地提高机械稳定性,这些钢管将保持水平静止放置。定天镜——一种时刻处于旋转状态的独立反射镜,会在地球自转时不停地将日食时的光线反射,使其进入管中,保证照相底板的中心始终对准被遮住的太阳及周围恒星。这一过程并不需要电机的参与——对定天镜旋转姿态的机械控制是由落锤来驱动的。

两台16英寸*口径的定天镜被装运上船,分别送往两个观测地点。但在之前的日食观测过程中,天文学家发现操作这两台定天镜是一件很麻烦的事情。就在远征的队伍即将离开英国时,科尔蒂神父(Father Aloysius Cortie,一位耶稣会出身的天文学家,也是斯托尼赫斯特学院天文台的台长)向科学家们提供了备用品——一台8英寸口径的定天镜,可以用来将光线反射进入另一台从爱尔兰皇家学会借来的4英寸口径望远镜。科尔蒂神父曾利用这台小型望远镜成功地观测了1914年的日食,而现在,克罗姆林和戴维森即将携带它前往巴西。

1919年3月8日,此时的欧洲严格说来还处于战争状态(正式宣告德国和协约国停战的《凡尔赛和约》直到6月才签订生效)。两支队伍乘坐蒸汽船"安塞尔姆"号,从利物浦启航出发。

天文学家们一同到达了马德拉岛。在岛上共享了一顿辞行午餐后,戴维森和克罗姆林重新登上"安塞尔姆"号,向巴西方向驶去。爱丁顿和科廷厄姆则留在了岛上。由于横渡大西洋的客轮在战后才刚刚恢复通航,并且时刻表也不固定,天文学家们等待了将近一个月的时间,

---

*1英寸约为2.5厘米。——译者

才终于等到了一艘开往普林西比岛的轮船。

爱丁顿对于70英里的自行车骑行并不感兴趣，而是将自己在岛上的时间花在了登山上；科廷厄姆完全跟不上他爬山的步伐。他们在岛上游览时，亲眼看见了这次世界大战对马德拉岛的破坏：城镇的部分地区已被炸毁，而在马德拉港，两艘船被鱼雷击沉，只有桅杆露出水面。

还在3月时，克罗姆林和戴维森便已乘坐"安塞尔姆"号到达了巴西北部的帕拉州，但由于抵达索布拉尔后的住处还未安排妥当，他们决定在船上再待一个月。他们在亚马孙河上乘船巡游了1000英里，对沿途茂密的森林和拥有华丽羽毛的各种鸟类大加赞叹。两条亚马孙河支流的颜色——塔帕若斯河清澈的绿色和里奥内格罗河的深棕色，与亚马孙河浑浊的黄色形成了鲜明的对比。在弗洛里斯镇，克罗姆林和戴维森徒步进入森林，看见地面上一群又一群的切叶蚁列队而行，每一只都背负着小小的绿叶片。

4月9日，在马德拉岛，爱丁顿和科廷厄姆终于获准启航前往普林西比岛。他们乘坐"葡萄牙"号蒸汽船于4月23日，也就是日食开始的五周前抵达目的地。他们发现，这里像是一处热带天堂，到处是古老的雨林、咖啡和可可种植园、连绵的沙滩、云雾缭绕的群山。普林西比岛也有属于自己的曲折历史——种植园里的工人都是19世纪70年代之前葡萄牙人从非洲大陆俘获的奴隶和劳工的后代。

为了保护设备不受潮湿气候的影响，附近一座可可种植园的工人帮助爱丁顿和科廷厄姆搭建了防水的棚屋。科学家们需要在蚊帐里工作，有时还得帮助捕猎那些一直在干扰仪器运行的猴子。

5月中旬，爱丁顿开始练习拍摄照片。仪器的工作状态一直很好。可是到了5月29日早上，不远千里前来观测日食的爱丁顿和科廷厄姆醒来时却发现，外面下起了倾盆大雨。在日全食开始前2小时，雨终于停了，但天空中依然还残留着乌云；能否对需要拍摄的恒星成功地进行观

测,大家的心里都没底。当地时间2点30分,日全食过程就要开始了。

到了大约1点30分,爱丁顿和同事们发现太阳从云彩中探出了几次头。1点55分,他们看见云层后露出了月牙形状的太阳以及大片的晴朗天区。他们匆匆忙忙地拍摄下了16张照片;科廷厄姆负责下达指令,同时操纵定天镜的驱动装置,爱丁顿则小心翼翼地更换玻璃照相底板以避免望远镜发生晃动。爱丁顿全程都没有亲眼看到日全食——他一直在忙着更换底板,根本无暇抬头看一眼天空。当天晚些时候,他给戴森发去了一封电报:"透过了云层。有希望。"[7]

接下来的6个晚上,爱丁顿和科廷厄姆都在处理底板,平均每晚可以处理2张。到了白天,爱丁顿则要对图像进行分析。尽管在一张底板上,出现了一条美丽的日珥——即太阳圆面外炽热的弧形气体束,但乌云遮挡住了附近的恒星。16张底板中,只有2张包含了足够多可以用来测量光线偏折程度的恒星。

这张玻璃正片拍摄于1919年5月29日,记录下了发生于巴西索布拉尔的一次日全食现象。整个观测活动由天文学家爱丁顿领导,目的是验证爱因斯坦的广义相对论。(图源:皇家天文学会)

爱丁顿本想在观测地完成所有的测量工作，但这样的话他们就会遇上即将开始的一次轮船罢工，使他们滞留在普林西比岛长达数月。因此，日食发生约两周之后的某一天，爱丁顿和科廷厄姆就乘坐着第一艘离岛的船只出海，并于7月14日到达利物浦。

在索布拉尔，戴维森和克罗姆林在他们住处前面的一个赛马场上建立起了日食观测站。赛马场有一个装有顶棚的大看台——当然并没有赛马来干扰观测活动。他们派砖瓦工和木匠为望远镜和定天镜建造支架。戴维森和克罗姆林还开上了索布拉尔地区有史以来的第一辆汽车，这辆车是专程从里约热内卢运来供他们使用的。

日食当天起初阴云密布，但就在日全食发生的那一刻之前，天空变得晴朗起来。当太阳消失，只剩下日冕光晕的时候，队伍中有人大声喊道："快！"一名助手迅速打开节拍器，每隔10个节拍就报出1次时间，来为照片的曝光过程计时。戴维森和克罗姆林用主要设备拍摄了19张

这套日食观测设备位于巴西索布拉尔——英国天文学家观测1919年日食的两处地点之一。4英寸口径的镜片安装于图中右侧的方形管中，左侧的圆管内则装有大视场的天文摄影透镜。可使光线直射入管中的反射镜由机械驱动，保证一次曝光期间恒星的影像始终处于底板同一位置。左边的反射镜很有可能就是造成1919年日食期间天文摄影透镜成像质量糟糕的"罪魁祸首"。（图源：皇家天文学会）

照片,并用科尔蒂神父借给他们的备用望远镜拍摄了8张照片。当天晚些时候,他们向英国国内发送了电报:“绝佳的日食观测。”[8]

可到了第二天,问题来了。在处理了部分用大天文摄影透镜拍下的照片后,天文学家们失望地发现,这些照片失焦了。显然,阳光的热量导致反射镜出现了不均匀的膨胀。仅用这些照片很难甚至不可能决定爱因斯坦和牛顿孰对孰错。

不过,用科尔蒂神父的望远镜拍下的照片并没有出现影像的畸变。正是这台设备,一架小小的望远镜,挽救了这一天。

观测队伍于6月离开索布拉尔,但7月时又回到了观测地。当毕星团的恒星在黎明前第一次升起时,太阳并不在这些恒星附近。此时,他们需要对同样的恒星再拍一次照。

8月25日,戴维森和克罗姆林回到了英国。现在,两支队伍都开始了艰辛(有时也很枯燥)的测量工作。

研究人员证实,日食当天,索布拉尔的大型望远镜出现的天文摄影成像质量糟糕的情况,应该是旋转反射镜被阳光加热所导致。因为用同样的镜片对7月夜晚的恒星进行观测摄影时,并没有出现类似的畸变现象。如果在这些失焦的照片上对恒星的位置进行测量,得到的光线平均偏移值是0.93″,十分接近牛顿理论给出的光线偏移值0.87″。这样的话,爱因斯坦就成了错误的一方。

但在分析处理过程中,所有拍摄于索布拉尔的问题照片最后都被决定舍弃了,而不是被赋予较低的统计权重。历史学家对爱丁顿的这一举措做出了负面的评价,认为他这么做只是为了能得到一个有利于爱因斯坦的结果。但是阿肯色大学的历史学家兼天体物理学家肯尼菲克(Daniel Kennefick)在对当时的研究人员之间的通信进行了回顾之后明确指出,做出这一决定的应当是戴森。而戴森,实际上对爱因斯坦的理论是深表怀疑的。

在索布拉尔用科尔蒂神父的备用望远镜拍出的8张照片中，有7张效果非常好。它们都包含了7颗可以用来分析位置的恒星。值得注意的是，在这些照片中，最靠近太阳边缘的恒星，其光线的偏移值是最大的；距离太阳最远的恒星，光线的偏移值也最小。只有爱因斯坦的理论对这一现象做出过预言。

最终，爱丁顿的团队给出了两个数值。由索布拉尔的照片计算得出的光线偏移值是1.98″(±0.12″)。在普林西比岛拍摄的照片数量要更少一些，由此算得的数值为1.61″，误差值也更大一些(±0.3″)。尽管原始数据有限，但这一结果是与爱因斯坦的预测相符合的。

爱因斯坦于当年夏天获悉了他们的初步结果。9月27日，他在给罹患癌症的母亲写信时提道："今天有个好消息。洛伦兹(H. A. Lorentz)在电报中告诉我，英国人的观测已局部地证实光线能被太阳偏折。"[9]

11月6日，为了了解日食观测结果，皇家学会和皇家天文学会特意在伦敦召开了一次联合会议。大会上，研究团队公布了他们的发现。大部分与会的天文学家并不知道要宣布的是什么。因发现电子而获得诺贝尔物理学奖的英国皇家学会主席汤姆孙(J. J. Thomson)主持了本次会议。大会的举办地点是伯林顿府的礼堂。

"总体上来说，气氛十分紧张，好像正在上演古希腊戏剧一样，"数学家兼哲学家怀特海(Alfred Whitehead)当时就在那间拥挤的礼堂里，他后来写道，"整个过程非常具有戏剧效果：传统风格的大会仪式，以及背景中的牛顿画像，都在提醒人们，两个多世纪以来最伟大的科学结论如今将迎来它的第一次修正。这是一次令人心驰神往的旅程：经过这次意义重大的思维探险后，我们终于可以安全地抵达成功的彼岸。"[10]

戴森首先发言，他概述了远行观测活动的过程。在介绍研究成果时，他把重点放在了索布拉尔的观测结果上——也就是16英寸口径定天镜存在的问题，以及利用小望远镜得到的高质量照相底板。他总结

道:“经过对底板的仔细研究,我要说的是,毫无疑问,它们证实了爱因斯坦的预测。我们得到的结果十分明确,即光线的偏折程度与爱因斯坦的引力定律是相符合的。”[11]

克罗姆林随后作了补充,介绍了一些索布拉尔观测期间的细节情况,比如他们的测量思路,是于两个月后太阳不在同一天区时,在索布拉尔观测站再次记录那些恒星的位置,并和之前日食期间的恒星所在位置相比较。

接下来轮到爱丁顿发言了。他首先描述了两张拍摄于普林西比岛的照片的成像质量。这两张照片包含了足够多可以用来分析的恒星。爱丁顿说道,综合来看,两组观测的结果更倾向于爱因斯坦对光线偏移值的预测——1.87″,而牛顿理论的预测值只有这一数值的一半。“这表明引力仅在部分情况下遵循牛顿定律,如果要考虑更广泛的情形,我们必须认定引力遵循爱因斯坦提出的定律。这是一次对牛顿定律和新提出的定律最有力的检验。”

但爱丁顿随后又补充了一句:“观测现象应该可以用来证实的是爱因斯坦的**定律**,但并非他的**理论**。”[12] 爱丁顿的言下之意是,尽管他相信观测结果确证了爱因斯坦对光线偏移的预测,但目前的研究并不能证明爱因斯坦所宣称的光线偏移的原因——时空曲率。

由于测量值的不确定度较大,在场的一些科学家依然保持怀疑的态度。物理学家西尔伯施泰因(Ludwik Silberstein)表示,尽管他相信观测结果证实了星光会发生偏折,但要说这样就可以证明偏折的原因是所谓时空曲率,显然不能让人信服。“看在这位伟人的分上,”他指着牛顿的画像说道,“我们在调整或修改他的引力定律的时候可得十分小心。”[13]

但是汤姆孙站在了认可爱因斯坦理论的人那一边。“这是自牛顿时代以来,我们所得到和引力理论相关的所有观测结果中最重要的一

个。并且，牛顿和我们的学会也是密切相关的，因此在这样一个会议上宣布全新的发现，可以说是恰如其分。”[14]他说道。

到了第二天，即11月7日早上，伦敦《泰晤士报》(*Times*)的头版全部是关于战争和纪念活动的报道。还有几天就是停战一周年的纪念日，国王乔治五世(King George V)希望所有工人能于当天默哀两分钟，以纪念和缅怀“光荣的牺牲者”。但在这些报道的右侧有一篇以重生和复兴为主题的文章，一向稳重保守的《泰晤士报》为这篇文章起了三层标题：“科学的革命/宇宙的新理论/牛顿的学说被推翻。”[15]

这一消息在全球引起了连锁反应。《纽约时报》随即于11月10日刊登了一篇头版报道：“天上的光都是歪斜的……爱因斯坦的理论胜利了。”

LIGHTS ALL ASKEW
IN THE HEAVENS

Men of Science More or Less Agog Over Results of Eclipse Observations.

EINSTEIN THEORY TRIUMPHS

Stars Not Where They Seemed or Were Calculated to be, but Nobody Need Worry.

这是1919年11月10日版的《纽约时报》(*New York Times*)头条。4天前，爱丁顿向皇家学会汇报了他的日食观测结果。(图源:《纽约时报》)

新理论的创建者,40岁的爱因斯坦,像往常一样在他与第二任妻子和两个继女共同居住的公寓里醒来。他此时所处的柏林,满目疮痍,饱受战争的创伤,食物和取暖用的燃料也十分匮乏。但一夜之间,爱因斯坦就成了第一位科学界的超级巨星。

他在给同事的信中写道,他确信自己突如其来的名声不久之后就会消失。他错了。爱因斯坦的声望持续的时间并不是几天或几周,而是贯穿了他的一生;并且他也将一直举世闻名下去。就像他的引力理论,在一个世纪之后依然可以继续为探索宇宙的起源和观测宇宙中的新生事物打开全新的、令人意想不到的窗口。

深入讨论:研究弯曲光线的历史

爱因斯坦并不是第一个认为光线可以被引力弯曲的人。牛顿本人就曾提出,这一现象是可能存在的。在他1704年的著作《光学》(*Opticks*)的末尾,这位时年61岁的科学家提出了一连串问题。他觉得自己已没有足够的时间来为这些问题找到答案,只能寄希望于他人。其中的第一个问题是这样描述的:"物体在一定距离之外对光线产生作用,并且由于这一作用光线会被弯曲;当距离最短时,作用效果……达到最强。这可能发生吗?"牛顿在提出问题时并没有涉及弯曲的时空这一概念。他认为光线由许多极小的颗粒(或者按照他的说法:微粒)所组成,这些颗粒具有质量,因此可以受到引力的作用。

1783年,英国天文学家兼牧师米歇尔(John Michell)考虑了牛顿的弯曲光线的概念,并将其推广到了极限情形。他通过计算发现,有些拥有强引力场的物体可以令光线都无法逃逸出去——按照现在的说法,这就是黑洞。之后,法国数学家拉普拉斯于1796年思考了相似的问题,并且计算出了这样一个物体的质量:"如果有这样一颗恒星,它的直

径是太阳的250倍,密度与地球相当,那么它的引力作用将非常强,使光线无法从其表面逃逸。因此,宇宙中最大的发光体很有可能是不可见的。"

然而,直到19世纪初,德国天文学家索尔德纳(Johann Georg von Soldner)才计算得到了星光在经过太阳附近时的偏折值并公开发表。索尔德纳的结果显示,星光被弯曲的效果,就好像是恒星的位置移动了0.875″——这是一个极小的角度,相当于从5千米外测量一个0.25°的小夹角。英国物理学家卡文迪什(Henry Cavendish)似乎在较早之前(大约是1784年)也算出过类似的结果,但他从未发表过自己的数据。

牛顿所说的光的微粒——现在的物理学家把它叫作光子——实际上是没有质量的,因此索尔德纳和其他一些科学家算得的结果并没有经受住时间的检验。但是当爱因斯坦假定星光的偏移原因是太阳附近的时空曲率并由此初步算得相应的数值时,这一数值与索尔德纳的结果是相同的。(他当时并不知道索尔德纳的结果,并且二人所利用的物理思想无论如何都是不同的。)1915年,爱因斯坦意识到他之前的计算只考虑了时间的曲率而忽略了空间的曲率,所以真正的偏移值应当是之前结果的两倍。幸运的是,他在成功的日食观测实施之前就已修正了自己的错误。

但故事并没有就此结束。德国实验物理学家、诺贝尔奖获得者勒纳(Philipp Lenard)是一名反犹主义者,后来还支持纳粹党。20世纪20年代初,他嫉妒爱因斯坦获得的卓越成就,因此指责爱因斯坦剽窃了雅利安* 科学家索尔德纳的计算结果。1921年,勒纳重新出版了索尔德纳的论文,并写了很长的一篇引言,表示爱因斯坦的工作并非原创,且索尔德纳的计算结果实际上才是正确的。这样的诽谤其实是他试图对纳

---

* 欧洲19世纪文献中将印欧语系各族总称为雅利安人。纳粹党宣扬日耳曼种族优秀论,认为日耳曼人是"高贵的"雅利安人。——译者

粹所谓"犹太物理学"的诋毁。勒纳之后又找到了可以一起贬低爱因斯坦的同伴——施塔克(Johannes Stark),也是另一位诺贝尔物理学奖获得者。

1920年8月,也就是一年前,一场反对相对论的集会在柏林爱乐乐团的音乐厅举行。一个月后,在德国的巴特瑙海姆,爱因斯坦和勒纳就相对论展开了一场激烈的辩论。二人的正面交锋也引发了公众的高度关注。

就像是今天我们对虚假新闻的指责一样,对爱因斯坦的错误指控也甚嚣尘上。在明尼苏达州圣托马斯学院的工学院院长雷乌特达尔(Arvid Reuterdahl)重复了勒纳的说法后,美国也掀起了一股反相对论的热潮。他的批评意见详细发表在了《明尼阿波利斯论坛报》(*Minneapolis Tribune*)上。最后,随着一个又一个实验证实了爱因斯坦预言的弯曲光线现象,这种反对相对论的狂热才渐渐销声匿迹。

深入讨论:一次发生于当代的日食

挤满了停车场的不是汽车,而是各式各样的望远镜。2017年8月21日,当地时间接近中午11点40分,在怀俄明州的卡斯珀市,几百人聚集在一起,想要见证一次覆盖美国大陆地区的日全食。天文学家谢弗(Bradley Schaefer)此时身处人群当中,使用一台计算机控制的小型望远镜,试图重现著名的1919年爱丁顿验证爱因斯坦广义相对论的日食观测实验。

当月球掠过太阳时,树木投下的影子呈现出奇怪的形状;树叶的间隙就像是针孔照相机,在地面上投射出被遮住的太阳的新月状阴影。停车场四周紫色的山艾和黑眼花从视野中消失了。天空变暗后,气温也随之下降,整个世界都安静了下来——鸟儿以为黄昏将至,停止了歌唱。

当太阳全部被遮住时,一条红色的日珥——一种炽热气体环——从太阳昏暗的圆盘面的一侧凸显了出来。"哇!"谢弗大声喊道。恐怕没人能想到他其实已经观测过20多次日食了。

最终,由于大气造成的畸变以及一些别的原因,谢弗没能准确地测量得到弯曲光线的数据,但其他的一些观测者成功做到了。不过,对于之前从未见过日全食的本书作者而言,这一持续2分30秒的奇观着实令人难以忘怀,并且也证明了一点:世间万物遵循的是自然的法则,而非某个人的意愿。

面对日食,我们真的应该喊上一声:"哇!"

第四章

宇宙在膨胀

爱因斯坦在建立起自己的引力理论的最终方程之前，就已经将广义相对论应用到太阳系内的几个现象之中了——尚未解释的水星轨道的进动，星光临近太阳时的偏折，以及引力导致太阳光线颜色的可预见的变化。

但1917年初，就在于普鲁士科学院举行演讲的一年多后，爱因斯坦决定着手对整个宇宙展开研究。他告诉自己的朋友兼同事——荷兰天文学家德西特，自己的理论能否准确描述整个宇宙，“这是一个亟待解决的问题”[1]。他说，自己需要知道这一理论到底是对是错。

在爱因斯坦之前，宇宙学很大程度上是哲学家和神学家的研究领域。在对整个宇宙进行研究的时候，科学家们根本没有什么数学工具（以及足够大的望远镜），只能进行单纯的推测。

现在，爱因斯坦提供了一个完整的数学宝库——不仅是为他自己，也是为一群渴望探索宇宙性质的研究人员。他的理论将彻底改变人类看待宇宙的方式；他的方程一旦和观测相结合，就可以揭示宇宙的一些至关重要的数据——比如年龄、形状、构成和质量。

但是当爱因斯坦于1917年开始进行研究时，他一下子就遇到了一个大问题。他的方程表明，宇宙无法保持静止；它要么正在膨胀，要么正在收缩。然而观测结果对这两种情况都不支持。恒星几乎全部处于

静止状态,使得宇宙看起来就像是一个懒洋洋地躺在沙发里看电视的胖子,亿万年来都保持固定不变。

这一次,爱因斯坦向天文学家收集的观测数据低头了。自己的理论十分完美,有着优雅的数学形式,他很讨厌对这样的理论作修正。但是为了避免自己理论中的宇宙坍缩或膨胀,他在方程中加入了一个修正系数:一个用希腊字母λ表示的常量,后来被叫作宇宙学常数。宇宙学常数起到了一种宇宙中的斥力的作用,它的强度刚好可以平衡将物质吸引到一起的引力。尽管这个常数的存在可以被看成是向虚空中注入了一种不寻常的能量,但爱因斯坦并没有这么想,而是仅仅将它当作一个数学上的构造。他插入这样一个常数,只是为了能让宇宙处于自己的可控制范围内。(宇宙学常数的值很小,并不足以干扰他的理论对太阳系内相关现象的成功预测。)

就像他对自己的朋友克莱因所说的:"修正后的理论意味着基本原理在形式上变得复杂化。几乎所有的同事应该都会把它看作是一种有趣但多余的噱头或恶作剧,特别是考虑到在可预见的未来,这一理论不太可能得到实验的支持。"[2]

现在,新的方程式如下:

$$R_{\mu\nu} - g_{\mu\nu} R / 2 - \lambda g_{\mu\nu} = -kT_{\mu\nu}$$

然而,当其他人(比如德西特)开始研究他的方程时,他们发现自己并不能确定爱因斯坦是否真的已将宇宙保持在静止状态。德西特在推导中考虑了爱因斯坦的宇宙学常数,并且为了简单起见,设定了一个没有物质的宇宙初态。这一模型于1917年公开发表,其最后的推导结果确实是一个静态的宇宙。但当英国天文学家爱丁顿在德西特的模型中考虑了物质的存在时,所有的粒子都将向四面八方散开——宇宙将会膨胀。

1922年,俄国宇宙学家兼数学家弗里德曼(Alexander Friedmann)发

现了一个更大的矛盾。弗里德曼接触到相对论的时间有一点迟。一战期间,在与其他国家的科学交流无法进行的情况下,他志愿加入俄国空军,将自己的数学能力应用到了轰炸任务当中。1917年,俄国发生革命,混乱的局势使爱因斯坦的理论未能及时传入俄国科学界;直到1921年,国外的科学期刊才开始向苏俄境内流入。

弗里德曼的思考始于两个假设——即假设宇宙中物质的分布均匀,并且在各个方向上看起来都相同。他发现,如果采用爱因斯坦的宇宙学常数的数值,那么静态宇宙不过是爱因斯坦理论允许范围内的几种可能情况之一。宇宙可能膨胀,可能收缩,也可能在收缩和膨胀之间振荡。为了描述最后一种情况,他写道:"宇宙收缩至一点(即收缩至空无一物),之后其半径从该点膨胀至一个定值,然后曲率半径又减小,再次回到一个点。"[3]

令人惊讶的是,在他的振荡宇宙模型中,宇宙从收缩状态转变为膨胀状态所需要的时间,竟然与多年之后的大爆炸模型给出的宇宙年龄极其接近。尽管弗里德曼的工作为广义相对论的动态膨胀宇宙模型构建了框架,但他本人在世时却未能亲眼得见:1925年,弗里德曼死于伤寒,享年37岁。

爱因斯坦对此不为所动。在阅读弗里德曼1922年的论文时,他最初评价它是一篇可疑的、错误的文章。之后他转变了自己的观点,承认这篇文章在数学上是合理的,但依然觉得其中的内容与物理并不相关。

然而,新的观测使人们越来越难以反驳宇宙正在膨胀这一观点。利用比以往能更深入地观察宇宙的大型望远镜,以及不断改进的摄谱仪(一种可以将星光分解为光谱的仪器),天文学家们发现,宇宙其实比任何人想象中的都要大得多。

在亚利桑那州弗拉格斯塔夫市的洛厄尔天文台,年轻的天文学家

斯里弗(Vesto Slipher)利用摄谱仪测量了仙女座大星云发出的光线到达地球时的波长变化。仙女座大星云当时被认为是由银河系内的一团恒星和尘埃所构成。如果物体正在向地球运动,它发出的光会向光谱的蓝色端偏移;而如果物体正在远离地球,光的颜色则会向光谱的红色端偏移。1912年,斯里弗测量后发现,仙女座大星云的蓝移现象极其明显——意味着它正在向地球高速运动——以至于只能用它实际上处于银河系外这一猜想来解释。仙女座大星云是另一个完整的星系!到20世纪20年代中期,斯里弗已经测量了大约41个不同星系的谱线偏移数值,这些星系中的大多数都在以极高的速度远离地球。

与此同时,在位于加利福尼亚州的帕萨迪纳附近、隶属于卡内基研究所的威尔逊山天文台里,天文学家哈勃(Edwin Hubble)同样醒悟了过来。哈勃坐在胡克望远镜的观测室中远眺宇宙——胡克望远镜的口径为100英寸,是1917—1949年期间世界上最大的望远镜。哈勃测量了大量星云的距离,发现它们和地球之间的距离远远超过了银河系的估测尺度。因此,他也只能得出结论,这些星云一定在银河系以外,并且都是独立的星系。

1923年,哈勃在观测仙女座大星云(也就是斯里弗测得蓝移现象的同一星云)的时候,得到了他的第一条线索。在星云中,他辨认出了造父变星,一种亮度会发生规律性起伏变化的恒星。哈勃和他的同事非常高兴,因为他们知道这样的恒星可以帮助他们精确测量仙女座大星云和地球间的距离。

关于这一点,哈勃需要感谢哈佛大学天文台的美国天文学家勒维特(Henrietta Swan Leavitt)。她在10多年前发现了造父变星的亮度和脉动周期之间的特殊关系:造父变星越亮,其脉动周期就越长。这样的关系意味着,如果天文学家测量得到了脉动周期的时长,就可以确定这颗恒星的真实亮度。就像发亮的灯泡放在更远的距离看起来就会更暗

一样，离得很远的恒星，它的亮度看上去也要比真实亮度要小。通过将造父变星在天空中的视亮度与其真实亮度相比较，天文学家就可以算得这颗恒星和地球间的距离。当测量的对象是仙女座大星云中的造父变星时，算得的距离就能最终证实，这片星云确实是另一个星系。

1927年，法国物理学家和神父勒梅特（Georges Lemaître）利用爱因斯坦的理论独立地求得了膨胀宇宙模型的一个解。相较于弗里德曼而言，勒梅特有机会利用望远镜进行观测，因此他比他的前辈要走得更远。勒梅特断言，星系发出的光在频率上被拉长是由于**空间本身的膨胀**。根据他的推测，光线走过的距离越长，宇宙膨胀得就越大，光的红移效应就越强。他将斯里弗编制的旋涡星系的红移测量数据和哈勃测定的这些星系和地球间的距离相结合，以证实自己的结论。这些数据也帮助勒梅特初步估算了宇宙膨胀的速率。

1929年，哈勃利用观测数据正式描述了退行速度（即红移）与距离之间的线性关系，从而确证了勒梅特的工作。星系远离地球的运动速率与距离成正比。距离地球两倍远的星系退行的速率也为两倍，如果距离变为四倍，则远离的速率也变为四倍，依此类推。

这一结论不仅从地球的视角来看是正确的，它对宇宙中的任意一点也都适用。想象一个表面印着许多小点的未完全充气的气球。如果有人往气球里充入更多的气，则每个点（代表一个星系）都会远离其他的点。并且，远离的速度正比于原来的两点间距离。随着气球的膨胀，充气前距离越远的两点，它们分离的速度也就越快。

尽管宇宙正在膨胀的证据越来越多，爱因斯坦还是拒绝让步。1927年，当爱因斯坦和勒梅特在一次会议中碰面时，他对勒梅特说，勒梅特的工作在数学上没什么问题，但对物理的理解“糟糕透顶”。

然而，到了1930年，爱因斯坦的想法开始转变。爱丁顿通过证明

得出结论，认为爱因斯坦的宇宙学常数是一个不稳定的解。加入宇宙学常数确实可以令宇宙在膨胀和收缩之间保持平衡，但这种平衡非常不稳定，就像是立于刀尖一般。如果它的数值比理想值稍微大一点，宇宙就会膨胀；要是稍小了一点，宇宙就会坍缩。这样的解实际上并不可行。

1930年，两位伟大的科学家正在剑桥大学交谈。爱丁顿（右）利用1919年5月29日的日食验证了星光在经过太阳附近时会发生偏折的现象，而爱因斯坦的广义相对论对光线的偏移值做出了成功的预测。（图源：皇家天文学会）

1931年初，爱因斯坦前往威尔逊山天文台拜访了哈勃。他们坐着一辆皮尔斯-箭牌老爷车，沿着土路缓缓驶向天文台。到达山顶后，爱因斯坦表现得就像个拿到了新玩具的小孩子。他跑进天文台，被各种仪器和刻度盘深深地吸引住了。在这次拜访结束之后，爱因斯坦对媒体宣布，他现在已经相信宇宙正在膨胀。随后，他立刻开始了针对膨胀

宇宙模型的研究工作，并且舍弃了之前的宇宙学常数。不过，这个常数并没有就此销声匿迹。

1931年，勒梅特发表了一篇新的论文，再次对爱因斯坦的方程进行研究。但这次，他反向地考虑了宇宙膨胀的过程。如果宇宙直到今天都在持续膨胀，那么以前的宇宙一定会更小一些。将时钟再往回拨，最早时候的宇宙应当是无限小的。他猜想，宇宙或许起始于一个原始原子的爆炸。

“这个世界的演化可以被比作一场刚刚结束的焰火表演：几缕轻烟，一团余烬，以及朦胧的雾，”他在文章中写道，“我们站在完全冷却了的灰烬之上，凝视着逐渐黯淡的群星，试图回忆起世界的起源，那已经消失的明亮光辉。”[4]这种对宇宙开端的描述十分具有诗意。英国天文学家霍伊尔（Fred Hoyle）对于膨胀宇宙模型非常反感，把它讥讽地叫作“大爆炸”。如今，这个名字已被世人所铭记。

1948年，差不多就在霍伊尔创造出这个词汇的同一时期，出生于俄国、曾短暂跟随弗里德曼学习的宇宙学家伽莫夫（George Gamow）提出，宇宙的膨胀起源于某个高温且致密的状态。但与勒梅特设想的原始原子不同，伽莫夫的“婴儿”宇宙中的大部分是辐射。在后续的一篇简短论文中，伽莫夫的两位年轻同事，阿尔弗（Ralph Alpher）和赫尔曼（Robert Herman）通过计算得出，如果大爆炸真的是宇宙的开端并且导致了之后的膨胀，使得几种最轻的元素得以形成，那么这次事件应当会留下些许余温。阿尔弗和赫尔曼预测，一台足够灵敏的射电望远镜应该能够探测到这种残余的热量，研究人员计算得出其温度大概是5 K，也就是绝对零度以上约5℃。

到了20世纪60年代，大多数研究人员已经忘记了他们对这一背景余热的预测。普林斯顿大学的迪克（Robert Dicke）和他的同事独立地得到了类似的结论，并于20世纪60年代初开始了搜寻余热的工作，使

用的仪器是安装在校园里某栋建筑物屋顶的一台无线电波探测器。

差不多是同一时期,在新泽西州霍姆德尔市的贝尔实验室,彭齐亚斯(Arno Penzias)和威尔逊(Robert Wilson)正在为天空中的所有已知射电辐射源编制目录,以改善当时的卫星通信情况。很快,他们就遇到了一件奇怪的事情:不管他们将喇叭状天线指向天空中的什么地方,也不管他们在一天中的什么时候进行测量,总有一些无线电干扰存在。因为会有鸽子在天线上栖息,所以彭齐亚斯和威尔逊第一时间想到,可能是鸟粪的热量造成了这一干扰。然而,当他们撵走鸽子并擦去粪便之后,噪声并没有减少。

最终,研究人员得出结论,有一种微弱的微波辐射覆盖了整个天空。他们还没有意识到,自己已经发现了宇宙微波背景辐射(CMBR)——大爆炸的余热,一种于宇宙诞生38万年后首次自由地流入太空中的古老辐射。

"啊,我们被抢先了!"[5]迪克在听到消息后说道。因为这个偶然的发现,彭齐亚斯和威尔逊获得了诺贝尔物理学奖。

20世纪70年代初,几位理论物理学家,比如普林斯顿的皮布尔斯(Jim Peebles)以及俄罗斯的苏尼亚耶夫(Rashid Sunyaev)和泽尔多维奇(Yakov Zel'dovich),对宇宙微波背景辐射进行了深入研究。他们将广义相对论导出的膨胀宇宙模型和早期高温宇宙中的光的表现相结合,发现宇宙微波背景辐射不应该是完全平滑和均匀的。如果完全平滑且均匀,我们今天的宇宙就不会呈现这样的各向异性,比如广阔的星系团网络中间还散布着巨大的空洞。所以如果接收宇宙微波背景辐射的微波探测器足够灵敏,应当可以分辨出这些结构最初的样子——物质密度比平均水平稍大一些的地方,微波背景辐射温度应略高一些;物质密度稍小一些的地方,温度则要略低一些。这些略热和略冷的区域**必须**得是存在的。

但直到20世纪80年代初，物理学家们有了更加灵敏的探测器，却还是没能发现这样的各向异性。广义相对论错了吗？用大爆炸来解释宇宙的起源是不是有什么问题？

就在这时，皮布尔斯提出了一个看似有点古怪的设想。他假定宇宙中的大多数物质其实是看不见的，只有通过引力才能进行作用。因为这种看不见的物质，也就是所谓暗物质，无法与光产生相互作用，相较于普通的物质而言，它就可以在宇宙微波背景辐射中产生更微小的区域；这样就可以解释为什么还没人看见相关的证据。

几十年来，皮布尔斯对暗物质的这种设想也多次被他人所提出，但大多数科学家都觉得这个想法很可笑。这可能是因为，在首先提出这个想法的人里，有一位才华横溢但十分刻薄的天体物理学家，叫作兹威基（Fritz Zwicky）。他的个性使他在同事当中很不受欢迎。他曾经把威尔逊山天文台的几个同事叫作“球形混蛋”[6]，按照他的话说，是因为他们无论从哪个角度来看都是混蛋。

1933年，兹威基在对邻近的后发星系团进行研究的时候，发现其中的单个星系运动的速度如此之快，以至于星系团中的可见物质施加的引力相对而言太微弱，无法令后发星系团保持一个完整的形态。怎么会有这样的事？兹威基的解释是：星系团中的可见物质只占总质量的很小一部分。剩余的无法被看见的物质，被他称作“*dunkle Materie*”[7]（德语，意为“暗物质”）。

到了20世纪70年代，兹威基的疯狂想法看起来似乎已不那么疯狂。华盛顿卡内基研究所的天文学家鲁宾（Vera Rubin）和福特（Kent Ford）合作，测量旋涡星系中不同位置的恒星的速度。他们知道星系中心集中的可见物质的质量是最多的，因此推测星系边缘的恒星由于远离中心，会比靠近中心处的恒星有着更慢的环绕速度，就像太阳系中的外行星比内行星绕日运动的速度更慢一样。但鲁宾却发现，星系外边

缘的恒星运动得同样很快。她得出了结论，星系实际上处于一个暗物质晕之中——并且暗物质晕的质量是等体积可见物质的10倍。

皮布尔斯与天文学家鲁宾和兹威基一样，十分需要暗物质存在的证据。1992年，美国国家航空航天局的宇宙背景探测者卫星终于找到了宇宙微波背景辐射中微小的热点和冷点存在的证据，为暗物质主宰宇宙的猜想提供了有力的支持。1992年之后，人们通过大量的地面和太空实验，对这种波动仔细地进行了探测研究。其中比较著名的有美国国家航空航天局的威尔金森微波各向异性探测器，以及欧洲航天局的普朗克卫星。根据温度的变化情况，天文学家可以分析宇宙的大小和形态，而这些性质都可以回归到时空曲率和广义相对论的预测。

天文学家还发现了一些证据，表明宇宙的成分比大多数研究者所猜想的更加神秘和黑暗——同时还表明，爱因斯坦当时舍弃宇宙学常数的决定可能太过草率了。这个故事可以追溯到20世纪90年代，并且故事的走向是两条看似迥异的轨迹。

对宇宙微波背景辐射中的热点和冷点的大小进行了观测后，人们发现，宇宙在大尺度上是平坦的——也就是说，三角形的内角和一定是180°，平行线永不相交。观测结果和早期宇宙的一个主流模型——暴胀模型非常吻合。这一理论假定早期宇宙经历了一次快速膨胀过程，在极短时间内体积从原子大小扩大至足球大小。暴胀可以使宇宙变得平坦，同时也能解释巨大的星系结构是如何从宇宙微波背景辐射的微小区域演变而来。

平坦宇宙要求所有能量和物质的分配满足某个确定的临界密度值。然而，宇宙中所有确定存在的质量（包括可见物质和暗物质）的测量值太小了。根本没有足够的物质可以使得宇宙这么平坦。有什么是我们没有考虑进去的吗？

答案来自另一组完全不同的研究。1998年,当时还是加州大学伯克利分校博士后的里斯(Adam Riess),正打算休假去度蜜月。他给同事们发送了一封电子邮件,提到宇宙看起来近乎是完全黑暗的,充满排斥作用的。好在他描述的是一个与引力相关的严肃问题,而非他对婚后生活的看法。里斯是一个通过观测遥远超新星来研究宇宙膨胀的小组的成员之一。研究人员利用超新星作为标准烛光以测量距离,其原理与哈勃利用造父变星的亮度测距类似。不过,由于超新星比造父变星要亮得多,它们可以用来在更远的距离研究宇宙的膨胀。

里斯所在的团队当时主要在澳大利亚的斯特罗姆勒山天文台和赛丁泉天文台工作,由施密特(Brian P. Schmidt)领导。他们推断,由大爆炸释放的能量所驱动的宇宙膨胀过程,由于宇宙中所有物质间的相互引力作用,应当在初次暴胀后就开始减速。可是,他们和由加利福尼亚州劳伦斯·伯克利国家实验室的珀尔马特(Saul Perlmutter)领导的另一个小组发现的现象却并不符合这一推断。宇宙并不是在减速膨胀,而是在加速。不知为何,引力的效果从吸引变成了排斥,迫使物质以更快的速度飞散开去。就像你将一只球扔向半空,它并没有回来而是径直向上越来越快地飞走。这太令人惊讶了。

是爱因斯坦的理论错了吗?还是天文学家对宇宙的描述缺少了些什么?

经过一番反省,天文学家和宇宙学家不得不承认,引力还有不为人知的另一面。宇宙中充满了某种不可见的神秘能量,可以将引力的吸引效果转变为排斥效果。它的存在可以直接从爱因斯坦的理论中推导得到。宇宙学家将这股神秘的力量叫作暗能量。但其实,你也可以简单地把它叫作宇宙学常数。暗能量遍及整个空间,不会随着时空的膨胀而被稀释,它占据了宇宙中质量和能量总和的68%左右。

这样一来,暗能量就可以令宇宙这个“大账本”保持收支平衡。并

且，宇宙微波背景辐射和暴胀理论都需要一个质量和能量的临界密度以保证宇宙平坦。

在发现暗能量20多年后，科学家们还是没有什么关键性的理论可以对其存在做出解释。关于宇宙加速膨胀的原因，猜想有很多，有人认为这种加速由真空能量所导致，有人认为这是早期宇宙暴胀时期的残留效果，还有人认为原因是有引力向额外的隐藏维度泄露出去。

暗能量，或者说反引力，是一直存在的，但在宇宙刚诞生时，几乎没有什么明显的效应。宇宙早期尽管在膨胀，但还是相对紧凑致密的。这样的高密度状态使得引力占据绝对的主导地位。但随着宇宙的持续膨胀，物质密度减小，引力的吸引效应也在减弱。相比之下，暗能量作为空间的一种特征，并不会随着宇宙膨胀而减小。在一切空间和时间中，它都是一个常数：大约是10^{-9} J/m^3。最终，大约50亿年前，暗能量的斥力在与引力的“拔河比赛”中获得了胜利，宇宙膨胀开始加速。

如果暗能量确实有一个在空间各处都相同的临界密度，那么它在形式上就与爱因斯坦于1917年加入引力理论中的宇宙学常数十分相似。爱因斯坦在承认宇宙膨胀之后，舍弃了这个常数，据说还曾称其为自己犯下过的最大的错误。但最终，他可能还是对的。

第五章

黑洞和对广义相对论的检验

就在爱因斯坦创建了广义相对论之后不久，一些物理学家开始尝试将他的成果投入到应用之中。然而，弄懂广义相对论不是一件容易的事，其中涉及的数学知识极其复杂。1915年11月25日爱因斯坦在普鲁士科学院展示的方程式固然简洁优美，但它实际上代表着十个耦合的非线性方程，每个方程又包含四个维度（三个空间维度和一个时间维度）。爱因斯坦自己也只能得到方程组的近似解。

但爱因斯坦发表演讲后还不到一个月，他就收到了一封来自德国物理学家史瓦西（Karl Schwarzschild）的电报。他在电报里声称，自己求出了一个精确解。史瓦西联系爱因斯坦时，自己并不在大学里；尽管他当时已年过40，但还是应征入伍，在德国军队中服役，驻扎于俄国前线。他告诉爱因斯坦，虽然那里炮火连天，可他还是在战争中得到了一丝喘息的机会："沿着这条路走进了你的思想所在的土地。"[1]

在寄给爱因斯坦的一份手稿中，史瓦西对爱因斯坦的复杂方程进行了求解。对于一个结构相对简单的物体——静止的球状物（比如一颗没有自转的恒星），他求出了这个物体外部的时空曲率。这一研究成果给爱因斯坦留下了深刻的印象，他立刻将史瓦西的文章提交至普鲁士科学院。一个月后，文章便成功发表。

但这个解中有一个地方令爱因斯坦感到困扰。史瓦西发现，如果

将球状系统的质量压缩进一个足够小的半径范围之内，系统就将经历一场灾难性的引力坍缩，使得光线都无法从中逃逸。物质被压缩到一个无穷大密度的点上之后，整个广义相对论方程组便会失效。史瓦西利用相对论描述的这种物体，其实就是如今天文学家所说的黑洞。

爱因斯坦发现了广义相对论对宇宙在最大的尺度上的研究有重要意义，但同样出人意料的是，他也拒绝相信自己的理论所揭示的宇宙在最小的尺度上的面貌。物质被压缩成一个无穷小的体积、时空无限弯曲、引力定律失效——他不相信自然界的环境会创造出这样一幅图景。

可是史瓦西甚至已经提出了一个引力坍缩发生时的半径(R)表达式：$R = 2GM/c^2$，其中G是引力常量，c是光速，M是物体的质量。如果要将太阳变成一个黑洞，就要把它的所有质量打包装进一个半径约3千米的球里。对于地球而言，它的史瓦西半径只比8.7毫米多一点，跟一个小弹珠差不多大。

和爱因斯坦一样，史瓦西也认为这一结果只是数学上的探索尝试而不具备任何物理意义。他也同样觉得大自然无法对恒星施加如此巨大的力量，将其压缩至史瓦西半径。

可是，史瓦西没有机会更深入地进行研究了。在俄国前线时，他患上了天疱疮，一种令人痛苦的罕见皮肤病，他的免疫系统因此受到了巨大的破坏。1916年5月11日，在第一次发电报给爱因斯坦的数月之后，史瓦西与世长辞。

在随后的几年里，其他科学家对史瓦西的工作并没有表现出什么兴趣。但20世纪30年代时，自然界中可能出现引力坍缩现象的观点站稳了脚跟。恒星消耗燃料以保证持续发热，并且提供向外的压力以对抗向内的引力；从这一点出发，当时的天文学家们开始思考，如果恒星的燃料耗尽，会发生什么情况？燃料一旦用尽，引力将占据主导地位，至少在一段时间内，恒星会被压缩。

天文学家们计算得出,我们的太阳会在40亿—50亿年后耗尽燃料,那时它的外层将脱落,引力会把剩下的内核压缩至地球大小。这个致密的核心,也就是所谓白矮星,由原子核和电子紧密聚集而成。因为电子会抵抗这种压缩(根据量子理论,任意两个电子都不可处于相同的能态),被压缩的粒子将产生向外的压力。对于和太阳差不多质量的恒星,这一压力足够平衡向内的引力。引力坍缩停止。

但是,质量更大的恒星会拥有怎样的命运?它们会坍缩得更厉害吗?这就是19岁的钱德拉塞卡(Subrahmanyan Chandrasekhar)所考虑的问题。1930年,他坐上一艘从印度驶向英国的船,准备前往剑桥大学开始自己在天体物理领域的研究生工作。在船上,他通过计算解决了这一问题。钱德拉塞卡发现,如果白矮星的质量大于太阳质量的约1.4倍(意味着这颗恒星诞生时至少是太阳的8倍重),电子压将无法与引力抗衡。这颗恒星将继续坍缩,直至其半径达到约10千米,比一座城市的范围还要小。引力会将原子核压得如此紧密,以至于电子和质子融合形成了中子。这个物体非常致密,其上的物质一茶匙就有10亿吨重,我们把它叫作中子星。天文学家们,包括爱丁顿在内,对这一发现正确与否感到犹豫不决,但钱德拉塞卡后来正是凭借着19岁时取得的这一成果获得了诺贝尔物理学奖。

20世纪30年代末,加州大学伯克利分校的两位研究人员沃尔科夫(George Volkoff)和奥本海默(J. Robert Oppenheimer)进一步提升了引力的作用。他们想知道中子星是否就是恒星坍缩的最后阶段。通过结合量子理论和爱因斯坦的广义相对论,奥本海默和沃尔科夫计算得出,如果恒星的初始质量足够大,它的中子星核就会过重以至于无法抵抗引力,从而再经历一次更强烈的灾难性坍缩。(最近的研究表明,任何质量超过2.16倍太阳质量的中子星都会因引力过强而坍缩。)在奥本海默和他的学生斯奈德(Hartland Snyder)随后完成的一篇论文中,他们描述了

这一景象:“这颗恒星将倾向于封闭自己,与远处的观察者断绝任何交流;只有它的引力场还继续存在。”[2]一颗黑洞诞生了。

想象一下,一名旅行者来到了坍缩恒星的表面,随着恒星向内部的挤压一同移动。假定这名旅行者在向远方的观察者发送光信号。由于巨大的时空曲率,光信号会越来越向红光波段偏移,到达远方观察者所需的时间也会越来越长。实际上,当恒星达到史瓦西半径时,这一时间的值将会是无穷大。远方的观察者永远也不会知道,在恒星达到史瓦西半径之后发生了什么,因为它的时间看上去像是冻结了。史瓦西半径以内的构造对于外界的观察者而言是不可知的——尽管理论物理学家正在尝试使用一些方法来解决这一问题(参见第六章)。

1939年9月1日,奥本海默和斯奈德发表了他们的论文。就在同一天,第二次世界大战爆发。不久之后,奥本海默就要领导美国科学界研制原子弹而无暇顾及黑洞了。黑洞一直只是一个数学上的有趣构想,直到20世纪60年代初,天文学家们发现了类星体。类星体是一种致密天体,会发出耀眼的光芒,它的燃料被认为是由巨大的黑洞提供。今天,人们认为黑洞在宇宙中随处可见。观测表明,每个大型星系的中心都潜伏着一颗巨大的黑洞,它控制着星系的形成和演化。

黑洞并不是广义相对论需要面对的唯一一种灾难性的坍缩。还有一种,就是宇宙大爆炸本身。如果我们逆向考虑宇宙的膨胀过程,就会发现宇宙应当开始于一个无穷小的实体——整个宇宙被限制在一个密度无穷大的点上。这么小的空间又一次涉及了量子力学的领域。

回到1919年,在普林西比岛的日食观测结束之后,英国天文学家爱丁顿坦言,还需要额外的观测以更精确地验证爱因斯坦对光线弯曲效应的预测。因此,1922年时,天文学家们来到澳大利亚南部的一个牧羊场,观测另一场日食。这次的天空非常晴朗,拍摄的照片显示了更多

由于光线弯曲而产生视位置变化的恒星。

尽管1922年的观测结果同样证实了爱丁顿的发现，但精确程度并没有多少提升。原因在于，从地面上进行观测时，星光会因为地球大气湍流的影响而变得模糊。所以几十年来，对星光偏移值的测量没有取得很大的进展。但随着1989年欧洲航天局依巴谷卫星的发射，人类的努力终于收到了明显的成效。依巴谷卫星在地球大气上方飞行，从而避免了大气对光线的影响。它将恒星定位的精确度控制在了0.001″；通过如此精确的测量，依巴谷卫星能够分辨出星光的偏移值中受太阳影响的部分和受行星影响的部分。2013年，欧洲航天局又发射了盖亚卫星，对几十亿颗恒星的位置进行记录，其精确度之高，前所未有（约为1/20 000 000″），预计可以看见太阳对每一颗恒星的光线弯曲效果。

不过，最引人注目的光线弯曲效应，产生于1912年爱因斯坦的一次计算。那是在他创建广义相对论的3年前，他提出，效果最强的放大镜并不在地球上，而是在天空中。爱因斯坦描述了这种引力透镜的性质：一个大质量的前景天体（比如星系团）可以将更远天体（远距离的恒星或星系）的光线弯曲，使得观察者可以看到该天体扭曲但放大了的图像；不仅如此，观察者还能看见两个或更多的清晰图像，并且在图像上可能有环状结构、弧状结构或亮度的变化。

科学史家索尔（Tilman Sauer）指出，爱因斯坦可能曾下过结论，这样的现象实际上不可能被观测到。尽管爱因斯坦和爱丁顿都对透镜效应的实际应用报以谨慎的态度，但在20世纪30年代末，特立独行的天文学家兹威基（参见第四章）通过计算发现，将星系团作为宇宙中更遥远天体的透镜并进行观测记录，应当是一件相对容易的事。1979年，天文学家们首次观测到了引力透镜效应：一个远方的类星体的双重图像。6年后，又有研究团队发现了另一个类星体的四重图像，还组成了一幅四叶苜蓿形的图案。之后的数年，天文学家们发现了大约1000个

这是哈勃太空望远镜对一个大质量的星系团Abell S1077的拍摄图像。这个星系团扭曲了周围的时空，就像是一个透镜，对恰好在其身后的远距离星系的光线进行了弯曲和增亮。那些伸长的条纹看起来像是镜片上的擦痕，但它们其实是遥远星系发出的光，被星系团的引力场给强力扭曲了。[图源：罗斯(N. Rose)/欧洲航天局/哈勃太空望远镜及美国国家航空航天局]

引力透镜造成远方天体具有多重图像的例子。

望远镜是一种时间机器——当我们使用望远镜观测遥远星系的时候，我们实际上看到的是那些星系在很久之前的样子，因为到达地球的光其实是它们在几十亿年前发出的。今天，哈勃太空望远镜以及其他深空望远镜正在利用引力透镜效应观测搜寻那些宇宙中最遥远的星系，其中有一些也是最早诞生的第一代星系。如果没有引力透镜来放大成像，许多这样的“小型”星系恐怕就无法被我们观测到了。

利用引力透镜效应，天文学家还可以了解透镜本身的性质——特别是它可能含有多少暗物质。现在普遍认为，暗物质这种神秘的物质，

与宇宙中所有可见物质总量的比值是9:1,但它却是无法被观测到的。然而,这种幽灵般的物质因为引力——即它对远方天体的光线进行扭曲的能力——而暴露了自己的存在。

当观察者发现了一处引力透镜时,会对其中可见物质的总量做出估算,并与其对光线的弯曲效果进行比对。弯曲光线的能力越强,就意味着透镜所包含的质量越多。通常,实际的弯曲效果要比可见物质能产生的强很多——那么剩下的弯曲效果就一定是出自暗物质了。通过这种方式,爱因斯坦的理论使天文学家得以对整个宇宙中不可见物质的总和给出一个大致的统计结果。

即便是大爆炸的余热导致的宇宙微波背景辐射,其中的微小团块也会受到引力透镜作用的影响。这一效应帮助欧洲航天局的普朗克卫星收集到了有用的信息,以确定宇宙的一些性质,比如年龄、形状以及物质总量。

引力透镜效应也揭示了暗能量的一些秘密。这种神秘的排斥力量与引力抗衡,并使得宇宙加速膨胀。本质上,暗能量是在和作为引力主要来源的暗物质进行一场“拔河比赛”——暗物质试图将所有东西拉到一起,而暗能量在拼命将它们分开。宇宙中各式各样的聚集物便是这场史诗级“战斗”的直接结果。

2018年,一个叫作“暗能量巡天”(Dark Energy Survey)的项目结束了5年的科研周期,天文学家对整个天空1/8的区域进行了研究,观测了几十亿光年外的约3亿个星系。通过比较这些图像中的细微扭曲(这是引力透镜的杰作,且主要是由于暗物质的存在),研究团队可以描绘出当宇宙的年龄只有现在一半时暗物质的分布情况。将那个时候物质聚集的图景与之后暗物质的分布进行比对,就可以知道暗能量的排斥效果是一直保持恒定还是有所变化。

几十年来,利用可见光波段检验爱因斯坦理论的想法越来越显得

陈旧。走在科学前沿的，变成了射电天文学。一些射电望远镜在组合后灵敏度大大提高，从而能够非常精确地测定类星体（一种可以发射高强度准直射电波束的宇宙天体）的位置。天文学家确定了太阳在附近和不在附近时射电源的位置并进行比较，测出偏差值，发现结果也是与爱因斯坦的预测相一致的。

射电天文学也为所谓广义相对论的第四个实验验证做出了贡献（根据爱因斯坦的说法，前三个分别是：水星轨道的进动，光线的弯曲，以及太阳光的引力红移）。1964年，天体物理学家夏皮罗（Irwin Shapiro）提出，向另一颗行星发射雷达信号，测量反弹回来的信号到达地球的时间，就可以对广义相对论进行检验。夏皮罗认为，当行星靠近太阳时，这趟往返旅程花费的时间比太阳处于其他位置时要长一些。他和同事记录下了雷达信号分别从水星和金星反弹回来的时间，发现结果与广义相对论的预测符合得很好，误差只有5%。2003年，当"卡西尼"号探测器飞向土星时，意大利的天体物理学家测量了从地球发向探测器的射电波因为太阳的存在而延迟的时间。得到的延迟时间与相对论的预测更加一致，精度达到了0.002%。

然而，天文学家们依然在对爱因斯坦的理论进行更加严格和复杂的实验验证，包括原子尺度的比萨斜塔实验（参见"深入讨论：对爱因斯坦理论的全新检验"）。既然迄今为止相对论以优异的成绩通过了每一次考验，为什么还要继续呢？因为这一理论总有一天会失效——当那一天到来时，新的物理学将会诞生。

深入讨论：对爱因斯坦理论的全新检验

在爱因斯坦发表广义相对论之后的很多年里，对他的工作进行的实验验证在精确度上都显得不足。随着爱因斯坦的名气越来越大，对

相对论的研究却开始走下坡路。许多科学家将这一理论看作是一潭死水,有趣但难以检验,并且与物理学和天文学的前沿研究无关。但是,科技的发展既然可以将黑洞和相对论的其他新奇成果带入主流物理学,也必将开启实验检验相对论的新纪元。

1971年夏天,“阿波罗15”号的宇航员斯科特(David Scott)做了一次历史上并不存在的伽利略斜塔实验,实验地点是一个空气阻力不会影响结果的地方——月球。斯科特站在月球表面,戴着手套的右手抓着一把锤子,左手则捏着一根猎鹰羽毛。通过电视直播,全世界都在注视着他。他令两个物体从肩膀高的地方同时落下。羽毛并没有缓缓飘落,而是垂直坠向地面,下落的速度和锤子一样快。二者同时落地。

在20世纪60年代末和20世纪70年代初,其他的阿波罗号计划以及一次俄国机器人宇航任务在月球上留下了一些镜子,它们很快就在一次规模更大的伽利略斜塔实验中起到了主要作用。这次,两个研究对象分别是月球和地球本身。尽管月球绕着地球转,但它们也都在围绕太阳运动。二者不仅重量不同——地球质量是月球的81倍——地球的密度也比月球大得多,包含一个月球所没有的铁质核心。如果太阳的引力使得两个天体的加速度不同,那么地月距离将会产生微小的变化。

为了测量这一距离,天文学家们利用了月球表面的那些镜子,即后向反射器。从地球射向镜子的光线会沿着完全相同的路径被反射回来。对光线在地表天文台和镜子之间的往返时间进行记录后,天文学家就可以确定地月距离——平均约为385 000千米——误差为几厘米。

利用重的物体检验相对论有一个特殊的优势。爱因斯坦等效原理最强的表述形式是,**所有**形式的质能在匀强引力场中都有相同的加速度。能量的一部分以引力结合能的形式存在,这种能量可以使各种物体结合在一起而不是散开。爱因斯坦认为,引力结合能也应该经历和

质量相同的加速过程。但在地面上的实验室对此进行检验显然是不可能的,因为用来测量的物体具有的结合能都太小了。然而,地球和月球的重量可以使这样的检验成为可能。尽管如此,地球的引力结合能也不到其质量的$1/10^9$;月球的引力结合能在质量中占据的比例就更小了。但这已足够验证这两种形式的质能之间的等价性。

博洛尼亚大学的研究人员分析了约50年的月球激光测距数据。如果实际情况不满足广义相对论的基本原理,即在太阳引力场的作用下所有物体运动状况相同,那么月球轨道就会靠近或远离太阳一些,这些研究人员想要找到的正是这一偏离值。研究团队报告称,相对论的预测与月球数据结果一致,精确度为10^{-12}—10^{-7}。这相较于华盛顿大学的阿德尔贝格尔(Eric Adelberger)和他的同事为了验证等效原理所做的现代版本的高灵敏度厄缶扭秤实验而言,又有了精确度上的提升。

虽然每个新的验证方法都证明了相对论的正确性,科学家们依然在继续努力,将等效原理置于更加严格的审查之下。相对论一旦在某个领域失败,就有可能打破当前存在于量子理论和相对论之间的僵局。二者似乎完全不相容——量子理论从概率和不确定性的角度描述物质宇宙,相对论则假定空间和时间即使在最微小的层面也可被精准认知。

相对论和量子理论的冲突暗示我们,物理学的核心内容中,可能出现了严重的错误。这是件令人兴奋的事,因为这表示有些全新的东西等待着我们去发现。相对论的失效甚至可以表明某种未知的力量在宇宙中扮演了重要的角色。

为了更深入地检验爱因斯坦的理论,科学家们将实验转移到了太空,远离地球上的噪声和其他干扰因素的影响。2016年,法国航天局发射了“显微镜”卫星(用于观测等效原理的阻力补偿微型卫星)。卫星上携带有两个同心圆柱壳,一个由钛合金制成,另一个由铂制成。如果等

效原理正确,那么当卫星围绕地球运动时,两个圆柱壳的运动情况应当完全相同。否则,其中一个圆柱壳就会比另一个稍微运动得靠前一些,即运动(加速)得稍微快些。它们的运动全程都处于监测之中。为了将它们保持在卫星内部的中心处,两个圆柱壳上分别施加了所需的静电力。圆柱壳上所需要施加的力如果有差异,就可以表明等效原理不成立。2017年,研究人员在分析了卫星绕行地球120圈的数据之后,没有发现违背等效原理的情况,而精确度是地面实验能达到的精确度的10倍。在任务于2018年秋结束之前,探测器还要绕行地球几千圈,收集得到的数据有望大大提高这一精确度。从另一角度来看,1900圈的绕行路程已等同于日地距离的一半了。

对爱因斯坦等效原理的另一次更遥远的检验涉及了距离地球4200光年外的一个三合星系统。这一系统包含了三颗已处于生命末期的恒星——两颗白矮星(类太阳恒星坍缩后的残骸)和一颗中子星(在大质量恒星爆发使得外层脱落后形成)。天文学家能够对这个系统进行观测的原因是,那颗中子星也是脉冲星——它每秒自转366圈,向外发射灯塔光束一般的射电波。

其中一颗白矮星和脉冲星相伴成对,共同围绕另一颗外侧的白矮星转动。如果内侧的白矮星和中子星以不同的加速度运动,脉冲星传至地球的射电光束的速率就会出现变化。但观测这对恒星的运动得到的结果显示,尽管它们的质量和成分完全不同,速率却始终保持一致,误差在0.000 16%以内。这一发现证实等效原理在中子星的极强引力场环境中依然成立,这也是完整的广义相对论所要求的。由于这些恒星的质量很大,它们的引力结合能在各自的总质能中占据了可观的比例。和之前的地月实验结果一样,目标的引力结合能和质量在以相同的方式加速,但这次实验显然提供了更加强有力的验证。

天文学家还检验了广义相对论的另外一种预测,引力红移。检验

的环境更加极端——巨型黑洞的邻近区域，而这个黑洞的质量相当于将400万颗太阳塞进银河系的核心区。从20世纪90年代初开始，两个研究团队对一颗叫作S2的恒星的运动进行了监测。这颗恒星沿着椭圆轨道围绕银河系的中心转动。其中一个团队发现，巨型黑洞将这颗恒星发出的光波波长拉长了——这是人类首次观测到黑洞附近的引力红移现象。

2018年春，在S2恒星经过黑洞附近时，位于德国加兴的马克斯·普朗克地外物理研究所的研究人员对它的运动进行了观测。一台仪器测量了S2横越天空的运动分量，另一台仪器则记录了它靠近或远离地球的运动分量。研究团队根据测量结果推断，黑洞附近时空的曲率使得恒星发出的光向红光波段偏移。引力红移效应与爱因斯坦的理论符合得非常好。由加州大学洛杉矶分校的盖兹(Andrea Ghez)领导的另一个

图中描绘的是“引力探测器B”卫星，它的任务是测量地球在自转时对周围时空的拖曳效果。爱因斯坦的广义相对论预测，任何大质量的自转物体都可产生这种坐标系拖曳效应。“引力探测器B”卫星经过40年时间才从图纸变为现实。2011年研究人员公布了它的最终观测结果，但此时其他花费更少的探测任务已抢先获得了类似结果。(图源：斯坦福大学关于“引力探测器B”卫星的图像及媒体档案)

研究团队也得到了类似的测量结果。

2015年,美国国家航空航天局的一个任务在提出50多年后终于圆满完成。这一任务检验了广义相对论的两种效应。2004年,“引力探测器B”卫星发射,它验证了爱因斯坦理论做出的两个预测。一个是我们熟悉的现象,即地球这样的大质量物体会使得时空弯曲(这被叫作测地线效应)。另一个效应则更为巧妙:大质量的自转物体,比如地球,会拖曳着周围的时空一起旋转,就像搅拌机的叶片一边旋转一边搅动厚厚的面糊一样(这被称为坐标系拖曳效应)。

卫星在极地轨道上围绕地球运动了17个月。它的测量结果来自内部的4个球形陀螺仪,每个大小与乒乓球相仿。陀螺仪在不受任何外力的作用下,自转轴应当永远指向同一方向。然而测地线效应和坐标系拖曳效应会轻微地改变每个陀螺仪自转轴的方向。

斯坦福大学的研究人员计划利用“引力探测器B”测量坐标系拖曳效应并将精确度控制在1%以内,但他们不得不接受精确度低了将近20倍的测量结果。尽管陀螺仪是近乎完美的石英材质的球体,可是外部含铌的覆盖层吸收了电荷,使得装置意外地发生了摆动,而这并不是由任何相对论效应造成的。

在科学家宣布最终结果的时候,他们已经被另一个研究其他卫星运动情况的团队抢先了。2004年,马里兰大学巴尔的摩分校的研究人员对两颗激光测距卫星指向的微小变化进行了监测,从而测量了坐标系拖曳效应。这两颗卫星分别是美国国家航空航天局的激光地球动力学卫星(LAGEOS)1号和2号,它们轻微地偏离了所在的轨道平面。研究团队分析了偏移值,并将其与地球引力的精确分布情况相结合,在10%的精度范围内测得了坐标系拖曳效应。

对于在地球上的实验,研究人员将重物换成原子,利用量子理论来对抗等效原理。意大利的一个团队用激光将铷原子向上推,之后观察

引力是如何将原子拉回来的。为了探测量子理论对引力的影响效果，他们将原子分成两片性质不同的原子云。在其中一片原子云中，所有的铷原子都有着确定的能量。在另一片原子云中，原子的能量不确定，但可以用两个不同能级叠加后的量子态来描述。（这种情况类似于量子比特，即计算机比特的量子形式，可以是1、0或二者的叠加。请参见第六章。）

每片原子云的表现都与光波类似，将它们组合后可以出现明暗相间条纹的干涉图样。研究团队将这一干涉图样与两片拥有相同确定能量的原子云产生的图样进行了比对。他们发现，干涉图样没有任何不同，这表明等效原理在量子世界依然成立。

在另一个原子级的实验中，研究人员比较了铷的两种不同的同位素的升降。这两种同位素相差两个中子质量。在将它们下落时的原子云进行合并后，研究团队希望确定是否其中一种同位素加速得更快些。

第六章

量子引力

理论物理学家对于黑洞的内部构造非常感兴趣——那里有各种极端情况,并且很有希望出现量子理论和引力的统一。在黑洞的内部,引力极强(爱因斯坦理论的领域),物质被压缩进了一个非常小的空间区域(量子理论的亚原子领域)。相对论表明,黑洞使物质坍缩为一个单独的点,密度无穷大,时空本身也会消失,但这样一来爱因斯坦的方程也会失效。量子引力理论或许可以从这样的灾难中拯救爱因斯坦的相对论。

自然界中的其他基本相互作用——带电粒子间的电磁相互作用以及原子核内部粒子间的强弱相互作用——都可以成功地用量子理论来解释。但就算是爱因斯坦,他花费了多年时间试图将引力和量子理论统一,却也以失败告终。

2009年,理论物理学家拉姆斯顿克(Mark Van Raamsdonk)决定着手研究广义相对论和量子理论之间的秘密关系。他打算好好利用首次公休假期,寻找某种非传统的方式来解决问题——这也是所有物理学领域中最大的难题之一。经过了一年时间的研究之后,他向《高能物理杂志》(*Journal of High Energy Physics*)提交了一篇论文。

然而,2010年4月时,拉姆斯顿克收到了《高能物理杂志》的一封拒稿信和一位审稿人的回复,审稿人在回复中说他就是个疯子。

随后,他把文章提交给了另一份同样久负盛名的期刊《广义相对论和引力》(*General Relativity and Gravitation*),但得到的依然是严厉的批评。审稿人在回复中的措辞十分刻薄,期刊的编辑要求他重写整篇文章。

但那时,工作于温哥华的不列颠哥伦比亚大学的拉姆斯顿克已不再为此感到担心。他把文章的简短版本投给了引力研究基金会的年度征文比赛。这是一个享有盛誉的比赛,之前的获胜者包括著名的理论物理学家霍金(Stephen Hawking)。拉姆斯顿克不仅获得了一等奖,随之而来的还有一个讽刺意味绝佳的小插曲:保证文章可以发表的期刊方中,有一家之前曾退回了他的稿件。2010年6月,《广义相对论和引力》刊登了这篇较短的文章。

不过,对于编辑和审稿人的这种谨慎态度,倒不必多加苛责。35岁的拉姆斯顿克尝试完成的事情,是将20世纪的两场思维之旅合并起来:爱因斯坦的广义相对论和量子力学。前者将引力看作是时空曲率,解释了宇宙中最大尺度的结构;后者作为一种概率论,对亚原子粒子的奇怪行为做出了准确率极高的预测。

这两种理论虽然都可以预测奇异的现象,但长期以来似乎完全不相容。量子力学认为亚原子粒子的动量和位置不可同时精确测量,并且微小的粒子可以同时出现在两个地方。单独的电子在遇到两条相邻的狭缝时,不会只穿过其中一条狭缝,而是令人费解地同时穿过两条。

爱因斯坦的引力理论预测,时空像果冻一样具有延展性,但并不涉及量子理论中的不确定性。一个电子可能同时穿过两条狭缝,可是相对论不允许电子的引力场相应地发生分裂。

科学家们认为,将这两种理论相统一,对于更深刻地理解宇宙至关重要。但自爱因斯坦以来,这一难题一直困扰着众多物理学家,也催生了大量不成功的理论——当然,也会有不少稀奇古怪的理论。

拉姆斯顿克讲述的故事——引力其实诞生于量子理论最诡异的性

质——听起来或许非常不可思议。但今天的科学家们表示，拉姆斯顿克和其他几位科学家所做的开创性工作很可能是迄今为止最有希望将量子理论和引力相结合的想法，并且可以建立起对时空、信息和亚原子世界的细节问题的更深刻的理解。

要想构建一套量子引力理论，通常的方法是从爱因斯坦的经典（非量子性的）引力理论出发，思考应当对其做出怎样的修正才能将量子理论的统计性质纳入其中。然而，拉姆斯顿克和一批科学家试图从另一个方向解决问题：先从量子理论的统计性质出发。令他们感到惊讶的是，他们发现自己只要停在那里就足够了。他们的计算结果显示，在对爱因斯坦的时空引力理论进行扩展之后，量子理论**已经**隐含了几何学的本质。

拉姆斯顿克和他的同事提出，更确切地来讲，我们所知的平滑、连贯和持续的时空正是来源于量子力学的独特性质，而爱因斯坦倒是认为这一性质最终会使得这一理论被质疑并推翻。这一性质，也就是量子纠缠，是物理学中最奇特的概念之一。它指出，对一个亚原子粒子的测量会在瞬间决定它的粒子伙伴的状态——哪怕这对粒子分别位于银河系的两边。

乍一看，量子纠缠好像也没那么奇怪。毕竟，如果你只有两只手套，一只是黑色的，另一只是白色的，那么当你观察白手套的时候，不用看也知道另一只手套必然是黑色的。但在量子世界中，事物不是非黑即白的。每只手套的颜色是不确定的——黑色、白色或是两种颜色的叠加——直到有人进行了一次测量，并且确定了颜色。量子纠缠则表明，对其中一只手套的颜色进行测量后，不仅可以确定该手套的颜色，还能在同一时间确定另一只的颜色，尽管二者可能相隔光年之遥。

众所周知，爱因斯坦曾讥讽地将这种情形叫作“幽灵般的远距交流”，认为这种情况将会破坏包括信息在内的任何事物都不能比光还快

这一原理。然而,量子纠缠可以被理解成是一种对量子系统携带的信息进行测量的手段,现在已经为实验所证实,并且遵循所有的物理学定律。

之前所说的量子纠缠和几何学之间的联系,很大程度上取决于另一个意义深远而又古怪离奇的量子概念。根据一些模型,我们所知道的宇宙,本质上可能是一幅全息图:四维宇宙(三个空间维度和一个时间维度)中的所有动作行为和物理学定律都由另一个系统所控制。这个系统更加简单和平坦,少了一个维度,并且位于宇宙的边缘。就好像金宝汤罐头的标签上可以编码记录容器内奶油蘑菇汤的成分,或者剧院墙上的画可以体现三维的戏剧舞台表演的所有细节。对于拉姆斯顿克而言,全息图的想法类似于利用二维的存储芯片控制三维的电脑游戏。所有的三维信息都可以从二维的存储芯片中读取出来。芯片和电脑游戏都可以为事件行为提供完整的描述。

全息原理可以追溯到物理学家贝肯施泰因(Jacob Bekenstein)在20世纪70年代初对黑洞的相关研究。令许多物理学家感到惊讶的是,贝

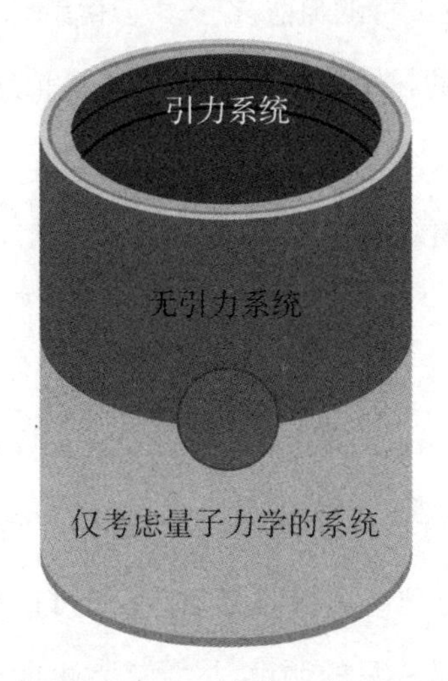

可以用一个汤罐头来描述全息原理。不考虑引力的量子系统位于罐头的表面。另一个更复杂的既要考虑量子力学又要考虑引力的系统,则位于罐头的内部。这两个系统是等价的:内部系统是外部系统的全息投影。(图源:迪尔)

肯施泰因通过计算发现，黑洞必须有熵—— 一种关于系统中原子及其他微粒相互作用的各种可能方式的信息。但是控制这些粒子相互作用方式的机制是量子力学。也就是说，黑洞如果具有熵，那么其内在本质就应该可以由量子力学描述，尽管它们是由爱因斯坦的经典引力理论预测得到的。

贝肯施泰因的工作还揭示了另一件令人感到意外的事情。我们很自然地就可以推测，如果黑洞有熵，则熵的数值应当与黑洞包含的粒子数成正比，并且粒子数也与黑洞的体积有关：粒子数越多，黑洞体积越大。但是科学家发现，黑洞的熵与体积并无关系，而是与其表面积有关——具体来说，也就是黑洞的事件视界，即一个内部粒子永远为引力所束缚的球形边界的面积。事件视界越大，或者说黑洞的面积越大，则熵越大。

20世纪90年代初，荷兰乌得勒支大学的物理学家、诺贝尔奖获得者霍夫特（Gerard 't Hooft）和美国斯坦福大学的弦论物理学家萨斯坎德（Lenny Susskind）将研究又向前推进了一步，认为可以利用他们所说的"全息原理"来理解量子理论、黑洞和信息保存领域中的疑难问题。从这种视角来看，事件视界的面积并不仅仅正比于黑洞的熵；它本身**就是**熵。（要了解更多关于信息和黑洞的知识，请参见"深入讨论：黑洞和信息悖论"。）

这种物理学、几何学和信息论之间的联系使得惠勒于1990年发出了一句劝告——"要从比特中"推导出结果。他断言，为了能将量子理论和引力理论相统一，物理学家们必须运用从信息论中得到的新想法。

1997年，新泽西州普林斯顿高等研究院的物理学家马尔达塞纳（Juan Maldacena）在全息原理的定量研究方面取得了重大进展。就像二维的全息图表面包含了三维投影的所有信息一样，全息宇宙的"表面"也包含有我们所感知到的时空的全部信息。马尔达塞纳明确地计

算得到了一种数学上的等价性——即物理学家所说的对偶性。有两种量子场论实际上是完全等价的：一种量子场论关注的是宇宙的表面，或"边界"，而**并不包含**引力；另一种量子场论则描述了宇宙的体积，或"容量"，并且**包含**引力。

对于拉姆斯顿克而言，这是一个奇迹般的联系。它意味着，如果你想描述某个空间内的量子引力，你可以转而去研究一个更简单、更平坦的系统——即该空间的表面，从而利用普通的量子理论思想，在不考虑引力的情况下达到想要的效果。被马尔达塞纳应用在表面的这种量子理论叫作共形场论(CFT)。

马尔达塞纳用以展示这种联系的时空叫作反德西特空间(Ads)。这种空间呈马鞍形或负向弯曲形，既不膨胀也不收缩，这与我们所在的宇宙呈现的正向弯曲的几何形状和正在膨胀的状态都不相同。(这一模型应用起来比实际的宇宙要简单得多。)但这个发现依然具有里程碑式的意义。马尔达塞纳提出的这种对偶性使得物理学家可以在不考虑引力的情况下研究量子引力。

2009年，拉姆斯顿克在休假刚开始时仔细阅读了一篇马尔达塞纳的文章，文中提到了一种特殊的引力系统：两个黑洞由一种叫作虫洞的桥梁或者说捷径相连接。他通过计算发现，这种结构具有双重全息影像：边界上分别存在两个量子系统，它们不含有引力，但彼此纠缠。拉姆斯顿克想知道，是否就是这种边界上的量子系统间的纠缠制造出了空间内两个黑洞间的几何联系。为了检验这个想法，他尝试了一种理论物理学家经常采用的方法：思想实验。

他构想的系统比马尔达塞纳的更简单，仅由球面上的量子场构成。这些场描述了球内真空的时空。如果他切断了球面另一边的量子场间的纠缠——使得它们不再以任何方式相互作用或相互关联，会发生什么样的景象？2006年，当时还在加州大学圣巴巴拉分校的笠真生

(Shinsei Ryu)和高柳匡(Tadashi Takayanagi)发表了一篇论文,更加简单地回答了这个问题。他们在论文中提出了一个公式,这一公式将一种对系统边界上的纠缠进行测量的特殊方式与相应时空中的某个特殊的几何量联系了起来。它有助于为拉姆斯顿克的思想实验提供定量的解答。

当拉姆斯顿克将球面的场切断时,他发现这就像是将运行三维电脑游戏的存储芯片一切两半。内部真空的时空开始被拉长、撕开,就像是太妃糖加热后被拉伸,直到完全破碎。当纠缠消失之后,两个连通的时空区域之间也被完全切断。

在没有纠缠的情况下,时空由离散的小块组成。马里兰大学帕克分校的理论物理学家斯温格尔(Brian Swingle)设想,正是纠缠将这些小块编织在一起,最终形成了平滑的空间。

拉姆斯顿克认为,这应该是最终的图景。科学家们多年来一直致力于尝试将量子力学引入到时空和引力的相关研究中。但其实量子力学一直以来都包含着时空——以及爱因斯坦的引力理论的相关内容。

虽然这个想法只是一种猜测,但是以这个想法为主题的理论物理方面的论文迎来了一次数量上的大爆发。其他几项研究也为这一概念提供了佐证。2013年,马尔达塞纳在给萨斯坎德的一封电子邮件中提到了一个神秘的方程:*ER* = *EPR*。对萨斯坎德来说,这就像是给自己注射了一针肾上腺素;他觉得自己的脑袋快要爆炸了。马尔达塞纳指的其实是两篇写于1935年的意义重大的论文。其中一篇(简称为ER)的作者是爱因斯坦和美籍以色列裔物理学家罗森(Nathan Rosen),文中指出,可以通过广义相对论将两个黑洞的内部用空间中的一条捷径连接起来,但从外部来看二者依然是分离的。这条捷径叫作爱因斯坦-罗森桥,也就是更为人熟知的虫洞。另一篇文章(简称为EPR)的作者是爱因斯坦、罗森和美国物理学家波多尔斯基(Boris Podolsky),文章首次描述了量子纠缠的奇特现象。

马尔达塞纳认为，这两篇文章的共同点远不止恰好相同的发表日期。他提出，纠缠和虫洞就像是一枚硬币的两面。如果两个黑洞互相纠缠，它们就应当通过一个虫洞相连接；如果两个黑洞由虫洞连接，那么它们的外部一定处于量子纠缠的状态。

马尔达塞纳很快在一篇与萨斯坎德合作完成的文章中详细描述了自己的想法：纠缠产生了虫洞。马尔达塞纳和萨斯坎德推测，纠缠和虫洞之间的关系已经超出了黑洞的范畴。两个亚原子粒子一旦纠缠，就有可能会被一条微小的、量子性的虫洞连接起来。就像其他类型的弯曲时空一样，虫洞也遵循爱因斯坦的广义相对论方程。因此，如果纠缠产生了虫洞，它也同样有可能产生爱因斯坦的引力理论。

的确，包括加州理工学院的卡罗尔(Sean Carroll)和他的同事在内的一批研究人员已经指出，纠缠的变化会导致时空的几何性质发生变化，这样的变化也能够体现爱因斯坦的广义相对论方程的效果。对纠缠和时空之间关系的理解给出了全新的思考角度，但依然不能提供一个完整的量子引力理论。问题在于，物理学家缺少这样一本完整的字典，可以将空间中复杂的引力问题"翻译"成易处理的边界上的量子理论问题。其目标是用物理学家熟悉的场论重新描述耐人寻味的引力问题，从而理解量子引力。但并不是任何时候都可以轻易做好这样的翻译工作的。例如，目前对于黑洞的事件视界之后的空间边界上发生了什么，科学家们还没有一个完整的描述。

为构建一本可以将引力和量子理论"互译"的更好的字典，2010年之后的10年间，物理学家开始尝试从另外两个研究方向获取灵感：刚诞生不久的量子计算领域和固体中的粒子行为研究领域。在这两个学科领域中，纠缠都扮演了相当重要的角色。

量子计算机的发明旨在利用量子物理反直觉的特性，超越传统的计算机。传统的计算机以比特的形式存储信息，比特的取值只可能是

两个——0或1。作为对比，量子世界中的信息以量子比特的形式编码。量子比特是一对量子态，数值上可以是0、1或二者的叠加。

原则上，这些彩虹状的可能状态——如果和其他的量子比特恰当地进行纠缠的话——可以使得量子计算机的计算性能远远超过普通的计算机，即使后者拥有整个宇宙年龄的运算时间，也无济于事。但这种强大的计算能力取决于对量子比特间脆弱的纠缠状态的储存能力。一旦量子比特间的联系被破坏（即便原因是外界不经意间的轻微干扰），量子比特就会集体“坍缩”至0或1，从而令量子计算无法完成。

这种脆弱性曾经被认为是尝试制造量子计算机时面临的致命缺陷。但在1995年，物理学家惊奇地发现了量子纠错码的存在——一种可以修复断裂或损坏的量子比特间联系的策略。量子纠错码使得物理学家至少可以在理论上充分利用量子计算机的运算能力。

量子纠错码以标记量子比特（或比特）的方式构建冗余，从而修复破损的量子联系。考虑这样一个非量子世界中的例子：让我们将标准比特0改名为“000”，将标准比特1改名为“111”。想象这些比特遭到破坏，其标签的一部分不再可读。但哪怕去掉“111”标签的两个数字，使其变成了“1”，这个比特依然可以被正确地识别出来。

量子纠错码以类似的方式工作。任何类型的纠错码都具有一个特点：编码的信息是非定域的，即分布于一片广阔的区域。要是没有这种广泛的分布，对单个点的破坏就可能阻止对原始信息的修复，从而使纠错码失效。

如果将一组信息比作书页，量子纠错码表明，这些信息并不是储存在特定的某页之中，而是分散在书页**之间**的联系（即一页与另一页相连的方式）里。如果撕掉相邻的几页，信息依然是可读的，因为这种广泛分布的联系被保留了下来。

令量子信息专家感到兴奋的一件怪事是，马尔达塞纳提出的体积

与边界的联系也对应了一种相似的非定域性。某个体积内的信息可以直接映射到边界上的信息,但这种映射本身是高度非定域的——体积内的任意一个量子比特,或是一对纠缠的量子比特,都对应于边界上广泛分布的许多量子比特或纠缠的量子比特对。量子比特距离这个小宇宙的中心越近,重建信息所需的边界上的量子比特就越多。

这一研究结果表明,一旦纠缠将时空编织在一起,想把它们分开就可能会是一件很难做到的事情。细微地扰动或破坏边界上的量子纠缠并不会拆散时空的结构。

量子纠错码和马尔达塞纳提出的对偶性之间的关系,可能并不仅仅是相似这么简单。包括麻省理工学院的哈洛(Daniel Harlow)和加州理工学院的普雷斯基尔(John Preskill)在内的一些物理学家表明了观点,认为这种对偶性是量子纠错码的直接例子。实际上,哈洛和同事已经证明这个类比对于简单的模型而言是准确的。通过使用量子纠错码来识别全息的对偶性,哈洛希望得到一种全新的"翻译"体积和边界间关系的方式。如果他们能够意外发现正确的翻译方式,或许可以解答两个长期以来一直存在的问题:黑洞内部的物理机制是什么?被黑洞捕获的信息会回来吗?

还有另一条路可以深入研究体积和边界之间的翻译方法。这条路来自从事固体材料研究的物理学家。20世纪90年代,纠缠成为此类研究的重要组成部分。物理学家对固体材料中数十亿电子间的复杂相互作用进行分析处理,从而预测和了解材料的基本性质,比如它的导电性或透光能力。

但即便是研究一小群(比如300个)电子间所有可能的相互作用,也是一件令人望而生畏的任务。电子有一种量子特性叫作自旋,它要么朝上,要么朝下。300个电子组成的整个系统的量子态——比如1号电子自旋朝上,其余都朝下,或是1号电子自旋朝下,其余也都朝下,等

等——共有2^{300}种可能。将这无数种可能状态都写下来的话,其中的信息量就算将整个宇宙都用来储存也容纳不下。

为了近似地表示如此复杂的量子态,从事固体材料研究的物理学家使用了一种叫作张量网络的数学速记方法。张量可以对拥有多个数值或性质的物体进行记录。(形式上最简单的张量,也就是矢量,可以记录两个性质。比如一个速度矢量,可以表示一个人跑得有多快,也可表示其运动方向。)

考虑一列相互作用的原子。张量网络一开始只是简单地描述了相邻粒子间的纠缠,即最有可能发生的相互作用。张量将这些粒子对联系起来,就像是乐高积木中的积木桥将两个积木块连接起来一样。这些小小的乐高积木数量很多(每个都有另一块与之相连接),并且在考虑同一列上相距较远的各组原子间的纠缠时,每个积木都可以成为一个节点。最终的效果是出现了一个层次结构分明的圣诞树状的几何图案。

这就是2007年时斯温格尔使用张量网络的方式。斯温格尔那时还是麻省理工学院的一名研究生,留着胡子,身材魁梧。当时的他正在研究固体中的电子相互作用,并且打算学习量子理论的一门分支课程,叫作弦论。当他的老师讲解马尔达塞纳关于体积/边界的工作时,斯温格尔注意到了一个有趣的图景。将边界上的信息"翻译"成体积内的相应信息所采用的数学机制,和斯温格尔与他人合作研究的、记录固体材料中量子态所使用的一种特殊的张量网络之间,有着不可思议的相似性。

斯温格尔并不确定这种联系有多么紧密。但很快他就提出了一个观点:在纠缠建立时,一种被称作多尺度纠缠重整化拟设(MERA)的特殊的张量网络可以用来构建时空。可以认为这一张量网络创建了一个新的维度,即更高维空间的几何。2009年,就在拉姆斯顿克研究纠缠的前一年,斯温格尔首先发表了一篇关于多尺度纠缠重整化拟设和反德西特空间/共形场论之间关系的文章。

根据斯温格尔的计算结果，反德西特空间不仅是表征边界系统纠缠态的张量网络，其本身也是一种时空。斯温格尔、拉姆斯顿克和他们的同事通过张量网络表明，边界上纠缠的变化是爱因斯坦广义相对论方程（即经典的几何上的引力定律）在空间中的简化版本的再现。

然而，尽管许多理论物理学家对于将纠缠作为发展量子引力理论的路径的想法十分青睐，但这一想法也无法解决全部的问题——2016年，萨斯坎德在一篇文章的标题中简洁地表述了这一观点：《仅有纠缠还不够》（Entanglement Is Not Enough）。萨斯坎德指出，纠缠令研究人员得以在空间中再现爱因斯坦的方程，并在相对较弱的引力环境中研究量子引力。但纠缠本身具有的量子性质太过奇怪，使得物理学家无法窥视黑洞的内部，而黑洞内部正是强引力场将物质压缩至极小空间的地方，也就是量子引力所统治的领域。

纠缠的另一个缺陷是，它只能显示某个固定时刻粒子间的相互作用，就像将时间凝固的照片。为了研究完整的量子引力理论，对时间的考虑是不可或缺的。

为此，萨斯坎德提出，物理学家可能不得不借用信息论中的另一个概念：计算复杂性。这一术语指的是在执行任务时对困难程度的一种量化。具体来说，计算复杂性就是为了完成任务所需要的最少的操作次数——比如从北极步行到南极所需的最少步数，建立计算机程序所需的最少的逻辑操作次数，或是完整描述一个量子系统所需要的数学步骤的最少数量。

由于量子系统可能拥有的结构远比经典（非量子）系统要多，它也应该有着更大的计算复杂性。实际上，量子系统的复杂性会随着时间的推移急剧增长，直到达到上限值。

几年前，当萨斯坎德意识到爱因斯坦广义相对论方程的一个解体现了黑洞的内部结构——黑洞事件视界之后的空间——会随时间推移

而被拉长的时候,他开始考虑其中的复杂性。问题在于:如果在这一空间内确实发生了这样的事情,那么会是边界上哪个相应的性质发生了变化?萨斯凯坎知道一定不是纠缠,因为粒子间的这种关联在不到1秒内便会达到最大值,并且之后也不会继续增大。

这样一来,就只剩下一种性质了——边界上量子系统的内部结构。他与高等研究院的物理学家斯坦福(Douglas Stanford)对黑洞模型进行了仔细的研究,发现模型的复杂性随时间增长的方式与其计算复杂性的增长方式是相同的。

他们得到的关键信息是,如果量子纠缠与时空具有紧密联系的话,那么至少在黑洞中,计算复杂性可以驱动时空的发展变化。萨斯坎德认为,在我们这个加速膨胀的宇宙中,计算复杂性可能也对时空的发展变化起到了重要的作用。并且由于复杂性似乎与黑洞内部的活动紧密相关,它也可能为如何构建完整的量子引力理论提供一种额外的视角。但是,萨斯坎德也提到,复杂性的作用表明物理学家需要跨越纠缠和全息原理才能进一步发展量子引力理论。

不过,在科学研究中,理论是一回事,观测又是另一回事。科学家是否真的能够观测到某些现象,证实广义相对论最不可思议的预言?结果却是这样的:科学家们在看到该现象之前,先听到了它的声音。

深入讨论:黑洞和信息悖论

宇宙真的能够保守秘密吗?

假设你有一些尴尬的信息想要销毁——你在日记中描述女朋友姐姐的话语,记录你跳热舞的手机视频,或是你在单向组合(One Direc-

tion)的海报上用粉色蜡笔写下的"我爱奈尔(Niall)*"的字样。

你当然可以把纸质证据撕成碎片,把视频删除,但可能会有某个坚持不懈的侦探把碎纸片重组起来,也可能会有电脑怪才把你删除的视频恢复。你可以把所有的物证付之一炬,但法医学家会利用灰烬、二氧化碳和其他的燃烧副产物来重建每一件物品。绝望之下,你遍寻整个宇宙,终于找到了最后的解决方案:将物质扔进黑洞。任何事物掉入这个引力陷阱后都无法再从里面出来。你的秘密终于安全了。

果真如此吗?物理学家们花了近30年时间,讨论信息是否能从黑洞中恢复。最初的争论揭示了关于宇宙的两个非常成功的理论(广义相对论和量子理论)之间的戏剧性冲突。量子理论要求信息必须得到保留,并且随时可以获取;但是广义相对论似乎允许数据从视野中消失。

科学家们非常喜欢这样的悖论,因为这可以带来物理学的全新进展,比如量子理论的诞生。解决黑洞信息悖论不仅可以调和量子理论和广义相对论之间的矛盾,也能够促进对时空和宇宙的理解,其中的重要价值可以与爱因斯坦的成就相匹敌。事实上,物理学家们甚至因此打起了赌。1997年,霍金和加州理工学院的宇宙学家索恩(Kip Thorne)一起,与另一位加州理工学院的理论物理学家普雷斯基尔打赌,认为如果一本书掉入黑洞,其中的信息将再也不会重现人间。

只要黑洞存在,进入黑洞的信息就再也不可能被找回。但是霍金很清楚,黑洞不会永远存在。1974年,他利用量子理论计算得出结论,黑洞会散发辐射。

之所以出现辐射,是因为在量子理论中,真空并不完全是空的,而是一个大坩埚,其中的粒子-反粒子对在不停地产生和消失。如果这样的粒子对恰好出现在事件视界外侧,有时就会使得一个粒子落入黑洞

* 男歌手,单向组合成员。——译者

内部，而另一个留在黑洞外。霍金意识到，外面的粒子会逃脱黑洞的束缚，自由地散发到太空中。从外部观察者的视角来看，黑洞在向外辐射能量，这样的现象叫作霍金辐射。

由于黑洞一直在损失能量，它的质量会逐渐减少并最终消失。黑洞蒸发的速率取决于它的体积：体积越大，蒸发得越慢。大小与太阳相仿的黑洞会在约10^{66}年内消失。这是一段很长的时间，但并非永久。因此信息似乎真的**会**从黑洞中被辐射带出。

但霍金否定了这一点。他通过计算发现，辐射中携带的信息会变得非常混乱，以至于毫无意义——就像是一枚被打碎的蛋，不仅无法再被拼装到一起，甚至也无法被辨认出曾经作为完整的蛋时的样子。

如果一本字典落入黑洞，那么产生的辐射中将不会包含任何一条释义。所有的信息都会丢失。

对于那些想要保守秘密的人来说，这或许是一种安慰，但这对于量子理论的核心原理——当前的世界总是包含着过去的所有信息——而言则更像是一种诅咒。量子理论用概率来描述亚原子系统——例如，测量电子能量得到某个特定结果的可能性有多大。尽管量子理论研究的是可能性而不是确定性，但理论上还是要求亚原子系统以可预见的方式运行。如果给定某个特定时刻量子系统的状态，观察者就可以确定在这之前或之后的系统状态。可如果信息丢失或无法恢复，观察者就做不到这一点了。

2004年，霍金最终认定自己是错的，承认自己输掉了赌局。他在某种程度上根据一个叫作互补性的新兴概念修正了自己的想法。互补性概念由萨斯坎德提出，指的是信息可以同时出现在两个地方。

一方面，信息可以越过事件视界，即黑洞与宇宙其他部分之间的单向边界，并落入黑洞中。另一方面，它也可以游离于事件视界外而不会进入黑洞。这一奇特的行为是完全可以存在的，因为不会有某个观察

者在同一时刻既处于黑洞内部又处于黑洞外部。观察者看到的只是信息的一份副本。在这种情况下,信息不会丢失。

1997年,马尔达塞纳扩展了互补性的概念,将其应用于反德西特空间。三维的反德西特空间可以类比为一个圆柱。马尔达塞纳认为圆柱内部的系统同时遵循量子力学的定律和引力定律。他提出,这一宇宙模型与圆柱面上更简单的系统是完全等价的,而圆柱面上的系统中不存在引力,只有量子力学的规律适用。如果马尔达塞纳是对的,那么信息将会保留下来,因为它可以存在于表面。

"信息的确保留在了视界上,而在落入黑洞中的观察者看来,视界上却什么信息也没有。我们必须解决二者间的矛盾。"萨斯坎德这样说道。

尽管出现了这样新的认识,但与霍金不同的是,索恩并没有就此认输。这可能也是有道理的,因为在2012年,物理学家们揭示了信息悖论中的另一个转折点。理论物理学家波钦斯基(Joseph Polchinski)、阿姆黑利(Ahmed Almheiri)、马洛夫(Donald Marolf)和萨利(James Sully)考虑了一对恰处于黑洞外且互相纠缠或者说关联的量子粒子会出现什么样的景象。

如果其中一个纠缠态的粒子落入了黑洞,而另一个还留在外面,这两个粒子会依然处于纠缠状态。但外面的粒子也会与之前发生霍金辐射时流入太空中的另一个粒子互相纠缠。这在量子理论中不可能发生,因为根据量子理论,单个粒子无法与两组独立的粒子同时纠缠——这一情形下的黑洞内粒子和黑洞外粒子就是两组独立的粒子。

为了补救这种情况,波钦斯基和同事们进行了一次思想实验:他们试图切断事件视界两边的粒子间的纠缠。他们在这么做时发现,视界上出现了一道能量的壁垒,任何试图越过边界的物体都会被激波焚毁。这道"防火墙"解决了量子纠缠的问题,但它却为广义相对论带来了一个大问题。

爱因斯坦的等效原理在最强的形式下可以表述为:引力场中自由下落的人与飘浮在无引力环境中的人遵循的物理规律相同。甚至对于在黑洞外部自由下落的人来说,等效原理也是适用的。但如果这没问题的话,穿过视界的人就不应该被烧成灰烬。在燃烧时(它只会发生在黑洞附近而不会出现在其他地方),物理定律与无引力空间环境下的情况**并不**相同。这违背了等效原理。实际上,爱因斯坦的广义相对论中有一条"毫无戏剧效果"的条款:当某人穿过事件视界时,不会发生什么特别的事情。

2013年,萨斯坎德和马尔达塞纳提出,"防火墙"完全没有必要存在。他们的理论工作表明,粒子间的纠缠会在相隔很远的两个空间区域之间制造出虫洞或者说通道。这样的通道可以将困在黑洞内的粒子和很久之前以霍金辐射的形式离开黑洞流入太空的粒子直接相连。连接通道的存在是与单个粒子无法同时与两组独立粒子纠缠这样一条量子理论的规律相符合的。黑洞内外的粒子并非相互独立,而是由通道连接了起来。

还有另一个反对"防火墙"设想的观点。哈佛大学的量子物理学家哈洛与斯坦福大学的物理学家兼计算机科学家海登(Patrick Hayden)考虑是否有人可以探测到黑洞内外的信息。要做到这一点,观察者需要破译霍金辐射中包含的信息,之后深入黑洞内部,检查落入黑洞的粒子携带的信息。研究人员通过计算发现,解读霍金辐射中的信息会花费相当长的时间,在观察者破译完成并准备进入黑洞之前,黑洞本身就已经蒸发消失了。

大多数物理学家现在相信,信息确实会从黑洞中重新出来。但他们仍然需要证实这样的情况究竟是如何发生的。霍金提出,以他的名字命名的辐射在传递信息时会使其变得杂乱无章。还没有人能够通过计算反驳这一观点。

也许有另一种方法可以解决黑洞信息悖论。这一方法涉及一种十分奇特的虫洞类型。当然,虫洞已经非常与众不同了。在两个遥远的时空区域之间的通道是两个黑洞互相连接的唯一方式。在许多理论模型中,虫洞会在物质或信息通过之前就发生坍缩。然而,2017年,在马尔达塞纳的早期工作的基础上,三名研究人员发现,如果两个黑洞以量子力学的形式利用虫洞精确地连接在一起,虫洞的"咽喉"部位就会保持开放,使得信息通过其中。尽管物理学家对这种可能性的探究才刚刚开始,但它很可能成为从混乱的霍金辐射中恢复信息的一种方式。

同时,那些想要找到最合适的地方去藏匿令人尴尬的热舞视频的人,恐怕还得再多寻找一会儿了。

第七章

倾听黑洞的声音

对爱因斯坦广义相对论的验证中最令人震惊的一次,来自对黑洞的观测——实际上是对两个黑洞并合过程的观测。2015年9月中旬,一个飞驰而来的信号到达地球,宣布了自己的存在。

当麻省理工学院的物理学家休斯(Scott Hughes)在同事的手机上第一次看到这个信号的图像时,他立刻感受到了一股强烈的情感冲动,这种感觉他之前只有过两次—— 一次是他在初次看见自己刚出生的女儿的脸的时候,另一次则是他见临终的父亲最后一面的时候。他的同事在一旁不停地说些什么,可休斯什么都没听见。他所想的只有手机上的图像。图像显示了一些摆动的线,先是振幅变大,频率增加,之后振幅迅速减小——休斯早在20多年前学术生涯刚开始的时候,就已经在脑海中幻想这样一幅画面了。

1995年,休斯还是加州理工学院的一名研究生,研究黑洞这样一种连光都无法从中逃脱的引力阱对周边环境的影响。休斯知道,就像保龄球可以把橡胶板压得下垂一样,静止的黑洞能够在时空上产生凹痕。但如果重物在震动或加速,比如两个黑洞即将撞上彼此的时候,时空会发生怎样的变化?

当保龄球在橡胶板上弹跳时,会使其发生抖动。同样,一大块物质在晃动时也会在时空结构中产生波动。这样的波动,也就是引力波,会

像池塘中的涟漪一样在宇宙中传播开去。

当波经过两个自由悬挂成特定图案的物体时，会使得二者间的距离发生扭曲。在波的传播方向上，距离不会被影响。但在与之垂直的方向上，波会在一个维度拉长距离，而在另一个维度缩短距离。半个周期之后，波会反向扭曲空间，在之前拉长距离的维度上缩短距离，并在之前缩短距离的维度上拉长距离。

在这之前引力波从未被发现过（参见“深入讨论：引力波的失而复得”），但休斯还是被一台即将问世的、更加灵敏的新型引力波探测器深深吸引住了。他和同事通过计算得出结论，如果正在并合的每个黑洞所拥有的质量是太阳质量的20—60倍，那么一台叫作LIGO（激光干涉引力波天文台）的新型探测器将最有可能探测到引力波。

就在休斯和同事进行计算工作的时候，研究人员却发现自己缺乏计算工具来确定引力波究竟是什么样子——包括形状、持续时间以及频率的变化。差不多10年之后，当其他研究人员在电脑上开发出求解爱因斯坦引力方程的技术的时候，研究才终于有了突破性的进展。

这是对两个即将并合的黑洞的模拟示意图。地球上首次记录到的引力波就是来自这样的并合过程。这也是对爱因斯坦广义相对论最令人震惊的验证之一。（图源：极端时空模拟计划/美国国家航空航天局）

这些电脑计算结果和休斯现在在同事的手机上看到的LIGO的记录图像相比,可以说是惊人地一致。毫无疑问,结果是准确的。之后的详细分析表明,这两个正在并合的黑洞的质量正好在休斯和同事约20年前计算得到的范围的正中间。

经过50多年对时空涟漪的苦苦追寻后,第一个引力波终于被发现。正如休斯预期的那样,这个引力波由两个恒星级的黑洞碰撞产生。LIGO的两个相同管道臂能够记录幅度小于质子直径的1/10 000的长度变化。LIGO由此发现了引力波的踪迹(参见“深入讨论:LIGO以及其他探测器”)。

尽管LIGO被称作是天文台,但它并没有望远镜、盘状的反射镜或其他收集光线的设备来对天空中的目标成像。我们肉眼所看到的光其实只是电磁波谱中的一小部分。电磁波谱中包括γ射线、X射线、紫外线、可见光、红外辐射以及射电波。所有类型的光都可以产生宇宙的精细图像,因为它们的波长尺度通常比发出辐射的行星、恒星或星系要小得多。并且由于光与物质之间有着强烈的相互作用,所以可以用透镜将辐射的光线聚焦于一点。

相反,引力波由重物在大尺度上的运动所产生,并且其波长的尺度一般要比重物本身大。很长的波长意味着引力波无法被用来给某个天体成像或是展现其形状。而且,由于引力波与物质几乎不发生相互作用,它们也很难像光波那样可以聚焦到一点。不过,引力波虽然无法给宇宙成像,但却可以提供声音。就像收集光线的望远镜将电磁辐射集中起来以观察宇宙一样,LIGO以及其他引力波探测器充当着人类的监听站,从无意义的噪音中搜寻出时空的波动。

尽管并不能真正被听到,但是引力波有几个性质与声音相似。声波会通过交替地拉伸和压缩所在介质(例如空气或水)的方式来产生声音信号——突然的巨响,大声的叫喊,或是莫扎特(Mozart)的协奏曲。

引力波则通过交替地拉伸和压缩物质——即时空的结构——来产生波动。

休斯提到，将引力波转化为声音，可以突出显示波的频率、振幅和持续时间等性质所携带的丰富信息。这些信息与创造波的系统相关。从这些性质中，科学家可以确定波源的质量、密度和旋转速度。LIGO可以探测到的引力波的频率范围是每秒10—1000次，这也在人耳可听见的范围以内。

地球上记录到的第一个引力波在很久之前形成于一个遥远的星系，当时两个相距甚远的黑洞还在围绕着彼此极其缓慢地旋转。在这场"致命"的相逢最开始发生的时候，两个黑洞伙伴还在绕着对方优雅地跳双人舞。但此时，它们已使时空产生了波动。可是最初的波动频率太低，幅度太小，就像是低沉的轻语，根本无法被LIGO探测到。

在几千年到几百万年的时间里，两个黑洞一点点靠近彼此，它们缓慢的舞步也逐渐变成了激烈的死亡旋转。直到黑洞碰撞之前的最后0.2秒，时空涟漪越来越强，频率越来越高，LIGO才探测到它。如果将它转化为音频的话，那听起来就像是在音阶上滑行而过的鸟叫声。

这之后便是尾声：一个单音符，就像是敲锣时的一声巨响，然后一切归于死寂。两个黑洞完成了并合，产生了一个更大质量的引力怪兽。这部分无调的交响乐也被LIGO记录了下来。

在黑洞并合之前，它们的质量分别是太阳质量的29倍和36倍。尽管两个黑洞的质量加起来应该是太阳质量的65倍，但并合之后产生的黑洞只有62个太阳质量。在极短的时间内，另外3个太阳质量的物质被转化成了纯能量，即碰撞产生的最后一组引力波所携带的能量。休斯估测，如果有一个巨大的宇宙电池将引力波中的能量储存起来的话，它可以将宇宙中1750亿个与银河系大小相仿的星系中所有的恒星全部点亮。

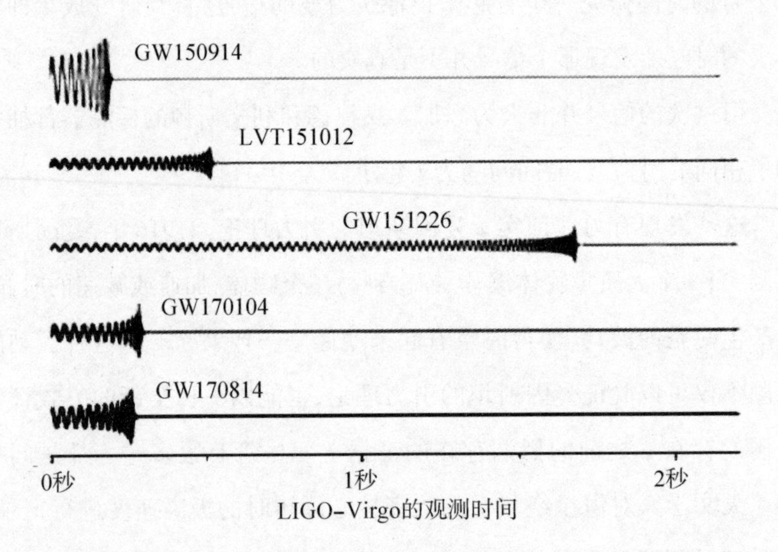

LIGO和Virgo探测到的首次“鸟鸣”(即引力波信号)的一部分。最上面的信号叫作GW150914,这个表示两个黑洞并合的引力波于2015年9月14日到达了LIGO的两个探测器。这也是人类记录到的第一个引力波。[图源:LIGO/俄勒冈大学/法尔(Ben Farr)]

13亿年前,当引力波离开那个遥远星系的时候,植物才刚刚在地表生根。2015年9月14日,美国中部时间凌晨4点50分,引力波到达了地球,此时两个极其灵敏的监听站刚开始运作。LIGO的一对探测器相距1865英里之遥,一个位于华盛顿州的汉福德,另一个位于路易斯安那州的利文斯顿。掠过它们的引力波信号实在是太微弱了——只能让一根4千米长的管子发生质子直径的1/1000尺度的形变。

当科学家们第一次看见LIGO的信号时——波形类似于异常响亮的鸟鸣声,他们觉得这一信号太完美了,不像是真的。研究人员的怀疑是有理由的。工程师们刚刚对探测器进行了重大的升级改造。此外,LIGO的工作人员也知道,有一批LIGO的科学家会随机地给数据中添加虚假信号,以保证LIGO团队始终处于工作状态。曾经有科学家花了

几个月的时间研究一个看起来很像引力波的信号,直到研究成果即将发表的时候才发现那个信号并不是真实的。

但这次的信号并非人为添加。汉福德和利文斯顿的探测器都捕捉到了相同的引力波,时间间隔为7毫秒。

这一发现有力地证实了爱因斯坦的引力理论。1916年,爱因斯坦预测,当一个大质量物体爆炸、撞击到另一个物体、加速或减速的时候,会产生时空的波动,使得时空看起来就像是一杯果冻。对这种震动的探测不仅可以验证爱因斯坦的引力理论,也能以一种全新的方式证实黑洞的存在。之前的黑洞存在的证据——尽管有很多——都是间接的。天文学家对恒星绕星系的致密核心旋转时的极高速度进行记录,同时记录下疑似黑洞的天体外部围绕的热气体盘的高能辐射。LIGO的证据则与之不同,它记录的引力波直接来自相互碰撞的黑洞本身。40年来,这种探测器的技术发展到了顶峰,可以探测到比原子核尺度还小的距离变化。2017年,诺贝尔物理学奖颁发给了LIGO的资深物理学家韦斯(Rainer Weiss)、索恩和巴里什(Barry Barish)。

LIGO团队的一些科学家将这一重要的发现类比于人类第一次利用摄影技术捕捉到光线的景象:尼埃普斯(Joseph-Nicéphore Niépce)于1826年或1827年在顶楼的窗边拍摄了自己在法国勃艮第的庄园的照片。但另一个更恰当的类比应该是爱迪生(Thomas Edison)首次利用留声机捕捉声音的场景:1877年他在锡纸上记录下了自己哼唱《玛丽有只小羊羔》(Mary Had a Little Lamb)的声音。"它在唱歌! 它在笑!"[1]当时的海报用这样的惊叹来宣传爱迪生的留声机。

在LIGO探测到引力波的数年前,科学家们已经使用了全世界最精细的光学设备来对大质量恒星成像,并记录围绕遥远星系中的巨大黑洞不停旋转的物质发出的光。但是现在,科学家们也对宇宙竖起了耳朵。他们听见了两个黑洞并合时发出的歌声。他们第一次听到了引力

的声音。

在接下来的23个月里,LIGO探测到了更多对黑洞碰撞产生的引力波。但对天文学家来说,LIGO的第六次探测意义格外重大。在这次探测过程中,LIGO与位于意大利的室女座干涉仪(Virgo)合作,使得天文学家和物理学家首次对恒星爆炸时的引力波和光进行了同步记录。引力波"指认"了这场爆炸的参与者,且给科学家的目视观测以提示。这样的爆炸是一场宇宙"炼金术"的盛大表演——就像是一口用来向宇宙播撒珍贵金属的坩埚。

由LIGO和Virgo联合观测的引力波也产生于遥远星系中一对天体间的碰撞,只不过这次是一对中子星——大质量恒星爆炸后外层脱落而收缩形成的极致密的残骸。一茶匙中子星上的物质比珠穆朗玛峰还要重。

与黑洞这种有进无出的宇宙"捕虫器"不同,中子星碰撞时会向太空中发射各种各样的"烟火",波段可覆盖从高能γ射线到可见光再到射电波的所有范围。与两个黑洞伙伴一样,两颗中子星在相隔很远的距离时就在引力的"怀抱"中被锁定。它们刚开始产生的引力波还只是轻声细语,稍微在周边的宇宙时空"池塘"中泛起了一丝涟漪。但随着时间的推移,它们的距离不断缩小,围绕彼此旋转的速度越来越快,直到最后的疯狂时刻,它们围绕彼此转动的速度已经接近光速。当中子星相互碰撞时,轻声细语变成了刺耳的尖鸣。2017年8月17日,美国东部夏令时间上午8点41分,LIGO和Virgo记录下了这一尖鸣。

引力波到达地球后仅1.7秒,一场光影的表演便出现了。美国国家航空航天局的费米γ射线太空望远镜在围绕地球运动的过程中对宇宙中的一些高能辐射现象进行记录,此时的它恰好探测到了一次短时间的γ射线暴。两颗中子星通过爆发式的碰撞以形成黑洞,并在这一过

程中向太空中释放了等量且反向的γ射线喷流。

这时还没有人知道引力波与γ射线暴是否有关。仅凭LIGO自身，无法将波源定位的精确度控制在600平方度(也就是大约满月面积的3000倍)天区以内。但新的信息改变了这一情况。位于比萨附近的Virgo两周前刚投入运行,此刻便探测到了来自同样的引力波的一个微小信号。Virgo探测到的信号十分微弱,只能勉强被记录下来,这说明引力波来自探测器为数不多的盲点之一。这一信息非常关键,它帮助科学家将该宇宙事件定位在了一条相对小的区域带,大致在南方天区的一个28平方度的区域。几个小时后,LIGO-Virgo合作项目组对天文学家发出了提醒,让他们注意寻找相同天区对应于这一时空抖动的可见光波段的天文现象。由于地球大气的吸收,太空中的γ射线无法在地表上被探测到。但是地面望远镜可以探测到γ射线暴的余辉,即可见光波段到射电波段的更低能量的辐射。全世界的天文学家争先恐后地想要成为第一个发现余辉的人。在接下来的一周时间里,七大洲的70多台望远镜都在追踪这场光影表演。

加州大学圣克鲁兹分校的福利(Ryan Foley)是一位年轻的天文学家,此时的他结束了哥本哈根大学引力波暑期学校为期一个月的学习,正在蒂沃利公园享受第一个假期。这天,他忽然收到了一条急切的短信,来自同样参与了这次暑期学校学习的自己的研究生库尔特(Dave Coulter):"快放下手头的事,查看邮件。"[2]

福利当时正和女朋友在游乐园华丽的旋转木马前排队,无法查阅邮件,于是库尔特把引力波信号和γ射线暴的消息一股脑地发给了他。福利觉得这可能是个恶作剧,回复道:"我会离开(公园),但如果你是在开玩笑并且现在还不告诉我的话,我可不会觉得好笑。"

库尔特回复了短信:"我没在开玩笑。天呐,我可不会拿这件事开玩笑。"

福利在女朋友的指引下迷迷糊糊地骑上了旋转的木头动物中的一只——是大象,还是长颈鹿,他已经全然不记得了。随着旋转木马的转动,他的脑子一片混乱。

从旋转木马上一下来,福利就骑着自行车冲向学校,他的学生们已经聚集在那里了。福利联系了工作于智利——那里还是早上——1米口径的斯沃普望远镜的同事,询问他们当天晚上是否可以搜寻南方天区以找到这次爆发在可见光波段的对应现象。

福利的博士后基尔帕特里克(Charlie Kilpatrick)在图像于智利被记录下来之后,将每次的曝光图像与相同天区的历史图像相比对,希望能在其中发现之前没有的明亮光点。在第9张曝光照片上,他找到了:在一个叫作NGC 4993的星系,有一个蓝色的点。基尔帕特里克是第一个发现它的人。他所在的团队在这场竞争中打败了其他所有人。

在接下来的几个晚上,人们观察到蓝点变成了红色。这种颜色上的转变与哥伦比亚大学的梅茨格(Brian Metzger)提出的中子星碰撞模型相吻合。在他的理论中,并合的中子星会分阶段向太空中抛射碎片。当中子星处于最后的轨道上时,富含中子的物质会从外层甩出,创造出一个快速膨胀的火球。碎片云中的中子和少量质子会结合形成重元素。云中的化学成分导致其开始时表现出蓝色。

不久之后,很可能从由于并合而形成的坍缩天体周围的环形物质中抛射出的另一个碎片源,在因放射性而保持高温的情况下撞击了发光云。几天的时间里,这口坩埚中就产生了大量的金尘,这些金尘的数量之多,可以用来制造出约200个固态金质地球。这使得火球呈现出红色。

智利的双子座南方望远镜和欧洲南方天文台的甚大望远镜,以及哈勃空间望远镜的观测都证实了碎片云中贵金属的存在。这一发现填补了人类对宇宙中“炼金”过程的认知的一大缺失,揭示了充满氢和氦

的早期宇宙是如何产生包含大量重元素的行星、恒星和星系的。

天文学家们早就知道，恒星的爆炸，也被称作超新星，可以解释铁这样的重元素的形成，但无法解释更重的元素（如金、铂和铀）是如何产生的。理论上认为中子星的爆发式碰撞，即千新星（kilonova），可以提供其产生的路径，但之前并没有人观测到过这样的现象。

观测的关键在于引力波这一信使。如果不是与时空的波动有联系的话，不会有人对γ射线暴进行追踪，因为它太过普通且能量相对较低。这也是天文学家第一次在记录下宇宙的某个角落发生的微小的时空振动后，将望远镜指向深空，找到它发生的星系。这一壮举意味着，天文学家现在有机会观察到恒星爆炸的最早阶段，从而将之后发生的众多过程尽收眼底。因此，正是由于引力波，天文学家看到了之前从未有人见过的现象。

就好像揭示宇宙中的金及其他重元素来源的秘密还不够似的，2017年8月17日记录下的引力波信号，又为我们展现了另外两幅宇宙景象。

同时利用引力波和光信号观测天文事件为测量宇宙的膨胀提供了一种崭新且更精确的方式。自大爆炸以来，宇宙的周长一直处于增加之中。

为了对宇宙的膨胀进行量化，科学家需要测量两个数值：某个天体远离地球的速度，以及它到地球的距离。求得退行速度相对要简单一些，只需要观测光线并确定红移——即发射光的波长向电磁波谱的长波端或者说是红光端偏移的程度。测量地球到天体的距离则更富有挑战性。

在没有引力波信息的情况下，天文学家依靠的是“标准烛光”——拥有已知内禀亮度的恒星或恒星爆炸现象。科学家将地球上看到的该

天体的视亮度与其内禀亮度相比较，如果它在天上看起来越暗，就说明它和地球间的距离越远。然而，恒星可能会由于各种各样的原因发生亮度上的改变，并且对内禀亮度的估测往往也容易出错。

引力波并不能提供测量天体亮度的方法，但可以用来做同样有用的事情：作为标准汽笛。当两个大质量天体相撞时，产生的引力波的频率以及频率的变化率——即特征啁啾——足以确定波的内禀强度（碰撞事件附近的观察者测得的强度）。和标准烛光的方法一样，通过对引力波的内禀强度和它被地球上的探测器记录到的极微弱的强度相比较，科学家就可以精确地测定并合事件到地球的距离。

1986年，当物理学家舒茨（Bernard Schutz）发表了自己的计算结果时，没有人知道中子星并合时到底是会产生这样一场爆炸性的光影表演，还是会静悄悄地并合成黑洞，不发出任何光线。31年后，2017年8月中旬，已在威尔士的卡迪夫大学工作的舒茨刚刚庆祝完自己的71岁生日。此时的他已经好几天没有检查过LIGO的数据存档了。当他开始查阅时，一下子大吃一惊。8月17日的事件来自一次中子星并合现象，距离地球1.3亿光年，这是个相对较近的距离——近到可以提供非常清晰有力的标准汽笛。"我们怎么第一次就有资格享受这么好的运气，"他说道，"这真是太宝贵了。"[3]

虽然这只是一次单独的事件，但结合了对并合时发出的光线的观测结果之后，引力波信号可以用来对宇宙当前的膨胀速率进行粗略的测量。随着引力波探测器记录的信号越来越多，天文学家或许可以更准确地得到宇宙的膨胀速率，将精确度控制在1%以内，从而有助于解决利用标准烛光法导致的关于膨胀速率的持久争论。并且，研究人员可以利用太空中的干涉仪搜寻更遥远（即更久之前）的并合事件，进而理解宇宙为什么又如何在约50亿年前加速膨胀，以及导致宇宙膨胀的神秘事物——也就是所谓暗能量（没有比这更贴切的名字了）——的

本质。

中子星并合产生的引力波也为窥视这些致密天体的内部提供了一种新的途径。引力波的性质可以表明中子星在并合之前变形到了怎样的程度，而这又取决于它们的密度和可压缩性。尽管坍缩形成黑洞之前的中子星是宇宙中已知的密度最大的物质实体，但物理学家并不能确定它们的内部究竟发生了什么，也不知道其核心密度的具体数值。

一些理论物理学家认为，组成中子星的物质几乎都是中子，还有一小部分的质子和其他粒子，它们的密度是原子核正常密度的2—3倍。还有科学家提出，在中子星内部巨大的压力下，亚原子粒子，比如组成质子、中子的上夸克和下夸克，会挣脱束缚。释放出来的上夸克和下夸克可能会形成一种新的夸克物质的状态，使得中子星变成夸克星。然而又有其他一些科学家提出了观点，认为这一过程也会制造和释放另外几种类型的夸克，比如奇异夸克，形成一种更加奇特的夸克星。

确定中子星的直径和可压缩性可以帮助判断这些理论孰对孰错，因为这些模型对组成物质的"被压碎时的极限值"的估测是不相同的。例如，假设物质相对来说比较容易被压碎，也就是较易压缩，那么一个给定质量的中子星必然有着更小的直径；如果组成物质较坚硬且抗压的话，中子星的直径就要大一些。

2017年8月17日的事件中，最后一次的波动信号持续了100秒，由于音调太高，LIGO和Virgo无法对其进行记录。这阻止了各天文台对中子星并合前情况的研究。并合前夕的强引力场会导致中子星发生变形，这一过程将提供与中子星可压缩性相关的重要信息。尽管如此，研究人员还是确定了中子星的直径不会超过30千米。这一数值与其他表明中子星的物质相对而言较易压缩的测量结果相吻合。未来的探测结果应该还会对其体积上限做出更严格的限制。

中子星并合后到底形成了什么？LIGO收集的数据显示，新形成的

天体质量约为太阳质量的2.7倍。这样的天体,要么将是已被证实的黑洞中质量最小的一个,要么就会是迄今为止观测到的质量最大的中子星。LIGO的研究人员把赌注压在了黑洞图景上:中子星在并合后经历了一次灾难性的坍缩,使得自己和宇宙的其他部分隔绝了起来。

如果中子星碰撞后形成的是一个单独的、更重的中子星,这一天体很有可能会产生X射线喷流。但是美国国家航空航天局的钱德拉X射线天文台观测到的类似辐射强度过低。尽管天文学家一直猜想中子星在并合后能形成黑洞,但在此之前他们从未找到强有力的证据。LIGO和Virgo在8月17日的事件中记录下的啁啾,应当就是黑洞诞生的“啼哭声”。

但是,如果黑洞的声音现在已经可以被科学家们听见,那么它们的外貌能够被看清楚吗?天文学家将一个有效口径为地球直径的射电望远镜网络系统对准了银河系的中心,打算给爱因斯坦广义相对论最极端的例子拍摄第一张照片。

深入讨论:LIGO以及其他探测器

在海湾小镇路易斯安那州利文斯顿有一片火炬松树林,这里位于巴吞鲁日的东部约40英里处,距离美国烟花仓库只有5英里,却是地球上最安静的地方之一。

安静的环境是探测引力波的先决条件。引力波十分微弱,很容易被杂乱的声波、地震活动甚至激光产生的轻微振动所淹没。

这个装置的特征是两条长臂。它们各有4千米长,互成直角,形成了一个延伸到地平线的巨大的L形。为了消除声波的影响,两个管状臂内部的空气全部被抽出。管道两端的反射镜悬挂在石英纤维上以减小振动;混凝土外壳保护内部结构不受天气的影响。周围的车辆限速

为每小时10英里。

宇宙中最猛烈的剧变，包括恒星爆炸和黑洞碰撞，会产生LIGO希望探测到的微弱的引力信号。只有这些蕴含着极大能量的天文事件产生的引力波才能达到可以被感知的程度，因为时空尽管具有弹性，却不是轻易就能够发生形变或振动的。物理学家通过计算表明，时空的硬度比钢铁强10万亿亿倍。

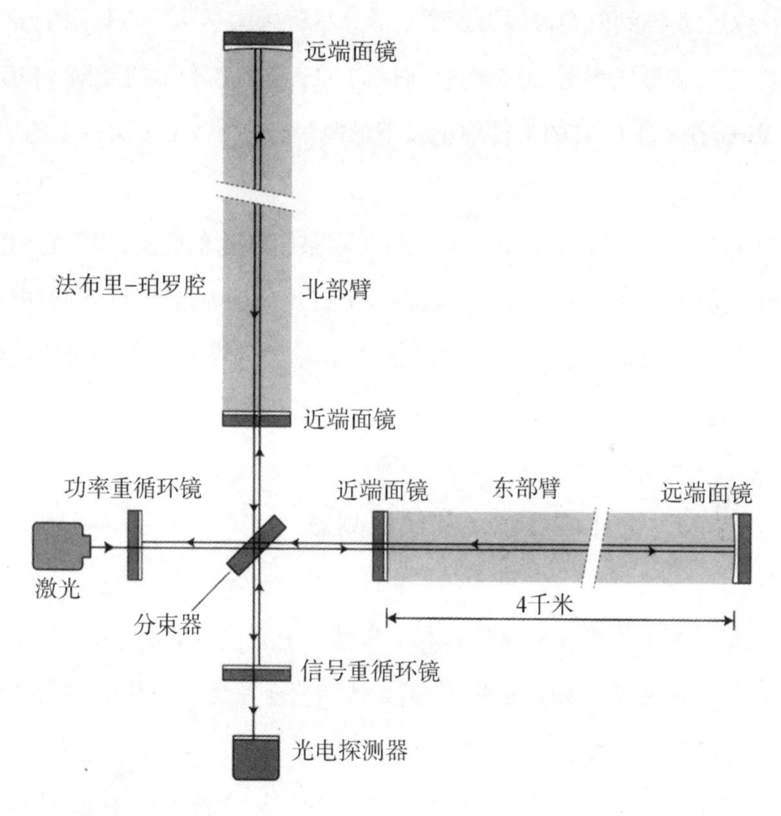

LIGO探测器用以记录引力波的双臂示意图。[图源：蒂里翁(Wil Tirion)]

LIGO的L形臂就像两条高速公路，在一道激光一分为二后为其提供路径。管道非常长，以至于地球的曲面会令其向下弯曲1米。混凝土结构和水准测量技术保证了管道臂是绝对笔直的。

在没有引力波的情况下，两道激光沿着管道臂前进的距离是完全

相同的。反射镜的安装方式保证了当激光前行了相同的距离并再次相遇时，一束光的波峰会与另一束光的波谷相遇从而互相抵消。再次相遇后的激光构成的黑色图案也被叫作相消干涉图案。

当引力波经过时，它会交替地挤压一条管道臂并拉长另一条管道臂。两道激光前行的距离不再相同。这次，当两道光相遇时，一束光的波峰和另一束光的波谷也不再同步。光波相遇后不会互相抵消，而是形成亮斑，其持续时间和强度可以显示引力波信号源的关键细节。

激光相遇前走过的距离越长，仪器对引力波产生的振动就越敏感。就算管道臂的长度达到了4千米，在测量引力波导致的长度上的微小变化时，也还不够，因此LIGO的科学家使用了一个小技巧。将反射镜高度抛光，使其在300万个光粒子中只会吸收1个粒子。利用这样

位于华盛顿州汉福德的LIGO装置。（图源：加州理工学院/麻省理工学院/LIGO实验室）

的反射镜,令光线在汇合之前来回反射约280次,从而使得相遇前光线行进的距离达到1120千米。

实际上,LIGO需要两套独立的装置来探测引力波——除了在利文斯顿的装置以外,还有一套位于3000千米外华盛顿州的汉福德。两套装置是必需的,这样可以在某一套装置探测到了源于本地的伪振动(比如一辆路过的汽车)之后,不会将其误认为是来自太空的引力波信号。只有引力波可以令位于汉福德和利文斯顿的两套装置在几纳秒的时间间隔内都探测到相同强度的振动。

和2002年到2007年期间位于汉福德和利文斯顿的早期LIGO仪器相比,升级后的LIGO装置的灵敏度是之前的10倍。2015年9月14日,仪器在测试阶段时就首次探测到了引力波。

2017年8月,Virgo干涉仪(一台位于比萨、由法国和意大利共同资助的引力波探测器)与LIGO合作,第一次揭示了引力波在天空中的确切位置。

在日本池野山的一个地下深洞里,工程师们最近刚刚建设完成了第一台用来探测引力波的地下干涉仪——神冈引力波探测器(KAGRA)。在这个沉寂的地下洞穴中,数百米深的岩石阻挡了地球自身的振动和嘈杂的人类世界,很适合KAGRA的工作和其他物理实验。KAGRA的激光将会在两条3千米长的管臂内前行,之后被冷却至绝对零度以上20℃的蓝宝石反射镜反射,从而最大限度地减小伪振动的影响。

到下一个10年结束时,第五台引力波探测器,即位于印度的LIGO装置,将会建成并投入运行。作为亚洲的第一台LIGO设备,这一干涉仪将和位于汉福德及利文斯顿的干涉仪一样,拥有两条4千米长的干涉臂。

然而,地基干涉仪也有其局限性。频率小于10 Hz的引力波无法被探测到,因为地球本身在这一频率下的随机地震振动影响太大,完全覆

盖了时空振动的信号。

为了监听这些长波涟漪,欧洲航天局正计划发射一台叫作LISA(激光干涉空间天线)的探测器。LISA预计于2034年升空,包括了三台航天器,它们组成等边三角形,每条边长250万千米。每个卫星内部均有高反射率且可自由浮动的试验载荷,利用它们可确定三角形的边长。六道激光在试验载荷间来回行进,由于引力波会轻微地拉长或挤压卫星之间的空间间隔,所以借此即可探测引力波。当跟随地球在绕日轨道上巡视整个天空时,LISA的目的是测量位置上的相对偏移值,其测量精确度需要比在160万千米的距离外测量氦原子核的直径还高。

在2015年12月的一次测试任务中,一台单独的航天器的内部被用作测试臂,全长35厘米。这次任务成功地演示了全面任务中所需要的部分更高级的激光技术。

LISA对长波段更敏感,这样的波段往往会与更大的单个天体或者轨道更宽的成对天体相联系,而LIGO是无法对这样的长波段数据进行记录的。利用LISA,天文学家可以搜寻超大质量黑洞碰撞时直接产生的引力波。超大质量黑洞——质量是太阳质量的数百万至数十亿倍——几乎存在于每个星系的中心。(作为对比,LIGO探测到的恒星级黑洞,质量"仅为"太阳质量的几十倍。)

通过记录超大质量黑洞的并合过程,天文学家可以追踪这些引力巨兽所在的星系的并合。最终,LISA有可能为我们揭示,小星系在宇宙的演化历史中是如何一步步变为大星系的,而这一过程也为如今繁星密布的宇宙图景创造了条件。

LISA以及其他类似的更先进的探测器最终或许可以记录到所有引力波中最基础的一种类型——宇宙诞生时的引力波。天文学家相信,在最初的那一瞬间,宇宙从原子大小膨胀至足球大小。在这个神秘而动荡的时代过后,宇宙开始了暴胀,产生了嘈杂的引力波,并且这些波

作为背景噪声一直存在到今天。这一背景有可能携带宇宙在大爆炸后几万亿亿亿亿分之一秒内的一些信息。

天文学家已经探测到了大爆炸之后遗留的光线,即宇宙微波背景辐射。但这一辐射只能反映宇宙在38万岁时的图景。那时的宇宙已经冷却了下来,从朦胧变得透明,光线第一次可以自由地在太空中发散开去。

在那之前,光线只能在一锅高温致密的亚原子粒子"浓汤"中弹来弹去,携带的大多数——但并非全部——关于大爆炸的信息都消失了。暴胀时代产生的最初的引力波会使得宇宙微波背景辐射的偏振产生特殊的蜷曲。宇宙中残留的光线或许仍带有这样的引力波的印记。

2014年3月,一场哈佛大学的新闻发布会成为了全球的焦点。研究人员宣布,他们利用一台南极的射电望远镜找到了这样的蜷曲。现场的观众中有许多名人,其中有一些科学家,他们关于早期宇宙的理论工作将会被这一发现所证实。这样的研究成果似乎具有获得诺贝尔奖的价值。但随后研究团队公开否定了自己的成果,表示他们被宇宙中的尘埃粒子给愚弄了。尘埃也可以将光线扭曲成类似的图案。但研究依然在继续。通过对最初时的引力波印记的搜寻,研究人员可以实现对暴胀理论的验证。

深入讨论:引力波的失而复得

在爱因斯坦提出引力波可能存在的20年前,亥维赛(Oliver Heaviside)便抢先了一步。亥维赛在16岁后就没再接受正规教育,而是自学成才,成了一位物理学家兼电气工程师。他对于时空涟漪和曲面几何一无所知,但是对于一种电磁学的新理论十分感兴趣,并想将引力纳入其中。

从其他物理学家历经数十年的观测研究中,数学物理学家麦克斯韦精辟地提炼出了这一新理论。根据他的理论,电场和磁场紧密联系,且并非静止不动,而是在空间中通过一种叫作电磁波的形式以光速自由行进。电磁波可以远距离地传递电场力和磁场力。

亥维赛将麦克斯韦方程组改写成了更加简洁的形式。1893年,他提出,引力的作用方式应与电磁相似——它也可以产生以光速行进的波。

1905年,法国哲学家兼数学家庞加莱(Henri Poincaré)接受了挑战。在新兴的狭义相对论的背景下,他开始独立于爱因斯坦理论中的数学知识发展自己的理论。狭义相对论表明,包括可见光在内的电磁波的速度是一个普适常量,对于所有观察者而言,无论它们之间的相对运动快慢,其测量值均相同。为了使这一结论保持正确,任何物体或信号的速度都不可超过光速,并且根据精确的数学公式,以不同的相对速率运动的观察者会看见长度的收缩和时钟的变慢。

这一理论明确肯定了电磁波的存在,指出电磁波可以将电场力和磁场力的信息从一处向另一处传递。庞加莱推测,类似的结论应当对所有力均生效,包括引力。因此,引力可以由引力波(在法语中,庞加莱把它叫作ondes gravifiques)来传递,传播的速度为光速。但庞加莱并未明确说明引力波的形态以及传播方式。

无论如何,引力波概念的提出是革命性的。它与牛顿定律相矛盾,因为根据新理论,一旦引力和其对远处物体的影响(取决于波被远处物体接收所需的时间)之间出现变化,就会出现时间的延迟。然而根据牛顿的理论,引力的传播是瞬时完成的——如果将太阳拿开,地球将立刻脱离轨道,就好像有什么看不见的神奇力量把力的变化瞬间带到了1.5亿千米外的空间。(19世纪初,法国科学家拉普拉斯提出,引力的传播速度可能是有限的,但他并未实际考虑到引力波的存在。)

10年后,爱因斯坦发展了广义相对论,将引力描述为时空的弯曲程

度。他也提出,引力波应当是存在的,就像电磁波一样。可多年来,他一直在承认引力波的存在和声明自己的理论否定其存在这两种截然相反的观点之间摇摆不定。

在1916年2月9日的一封写给德国物理学家史瓦西的信中,爱因斯坦说道:"类似于光波的引力波是不存在的。"[1]但就在几个月之后,他利用自己复杂的引力方程的简化形式,得出了一个与麦克斯韦电磁方程组的解类似的波形式的解。可这一结果之后又被证明是错的。还是在1916年,他再次利用另一组不同的坐标(想象一下世界地图上的经纬度坐标)为三种引力波找到了存在的证据。然而,到了1922年,他的同事、日食观测者爱丁顿指出,其中两种波的波速可以取任意值,就算达到"思考的速度"[2]也完全没问题。这显然是错的。不过,第三种波却总能以光速运动,看起来应该是正确的。

20世纪30年代时,爱因斯坦逃离了纳粹德国,在普林斯顿高等研究院重新开始研究引力波是否存在。在与年轻的物理学家罗森合作撰写的一篇论文稿中,他最初给出了否定的答案,然而文章刚发表,他就立刻修改了自己的观点,认为引力波是可能存在的。但是不管怎样,爱因斯坦都认为引力波对探测器的影响一定是极其微小的,不可能被探测到。

1957年,在北卡罗来纳州的教堂山举办了一次关于相对论的学术会议。这次会议重新激发了众人对引力波的兴趣,尤其是一位叫作韦伯(Joseph Weber)的与会人员。韦伯是马里兰大学的工程师,有着钢铁般的决心和结实的身材。他设计建造了两个3吨重的铝制圆筒,当引力波经过时,圆筒会像铃铛一样发出响声。他将一个圆筒放在马里兰大学,另一个放在了950千米之外芝加哥附近的阿尔贡国家实验室。

为了让设备不受伪噪声的影响,韦伯的团队将圆筒用钢缆悬挂在真空室内。圆筒周围的探测器可以记录波经过时造成的振动。

1969年，韦伯的团队观测到两个探测器同步出现了振动，进而宣布他们发现了引力波。这一结果促使东京、莫斯科、慕尼黑、格拉斯哥以及美国的各个研究小组都建造了自己的圆筒探测器。虽然新的探测器在灵敏度上都更胜一筹，但再没有人发现类似的信号。并且，计算表明，如果韦伯的发现是正确无误的，那么转变为引力波所需的质量就必须极其大，以至于剩下的质量根本就无法使我们的星系保持完整。直到临终前，韦伯依然坚持自己的结果是正确的，尽管其他人已经断定那只是一个伪信号。无论如何，他的发现都引发了科学界对引力波数十年的搜寻热潮，并使得引力物理学成为主流。

1974年，搜寻引力波的工作出现了意想不到的重大进展。赫尔斯(Russell A. Hulse)和泰勒(Joseph H. Taylor)发现了脉冲双星——两颗快速自转且极致密的恒星，围绕彼此高速转动。每颗脉冲星的大小与曼哈顿相仿，质量却可以达到一个太阳质量。它们发射的射电波就像灯塔上的光束一样扫过天空。脉冲星的轨道周期(即射电波信标间的时间间隔)十分稳定，在100万年的时间里变化不超过5%。

这种稳定性可以帮助赫尔斯和泰勒寻找引力波存在的间接证据。爱因斯坦的广义相对论预测，脉冲星0.059 03秒的轨道周期会极其缓慢地减小，原因是脉冲星会以引力波的形式向外辐射能量。这一变化值非常小，大概每年减小$1/(7.5\times10^7)$秒。但在经过了四年的观测之后，1978年底，赫尔斯和泰勒得到了与爱因斯坦的理论几乎完美吻合的观测结果。这一发现为赫尔斯和泰勒带来了1993年的诺贝尔物理学奖。这也是第一个可以明确证实引力波存在的证据。

2015年，为了直接探测到引力波，科学家需要使用激光干涉仪，这是一种全新的、更灵敏的引力波探测器。

第八章

拍摄黑洞的图像

在对全球射电望远镜阵列进行了整晚的监测之后，天文学家多尔曼(Shep Doeleman)从哈佛的办公室出来，放弃了骑6.5英里自行车回家的想法，而是躺倒在楼下公共区域的沙发上。大概凌晨5点，他的手机响了。多尔曼一开始觉得来电可能是因为他的团队正在操作的其中一台望远镜发生了技术故障，但实际并非如此。在大型毫米波望远镜(一台巨大的射电望远镜，位于墨西哥某个偏远地区的一座休眠火山顶上)工作的天文学家，被一群人用枪指着头赶了出去。

多尔曼很熟悉如何处理望远镜所在地出现的问题和挑战——天气情况突变，电力中断，等等。然而，天文学入门课程恐怕并没有包含当团队中有人被枪指着时要如何做的相关内容。

同样，不会有人教你如何制造一台口径与地球直径相当的射电望远镜，就像没有人会教你如何对银河系中心的巨大黑洞拍摄成像。这些都是你需要在工作中学习的技能。

这些持枪的人是强盗，还是秘密特工？无论如何，他们都**携带着武器**。他们已经表示了歉意，而天文学家们也已继续朝着山顶前进。但多尔曼和他的同事决定，在这个10天的观测期剩下来的时间里，他们的团队要从大型毫米波望远镜所在地撤出，不再回来。

之后，他又回到了工作当中。他还掌管着另外七台望远镜和阵列，

并且这些望远镜都指向同样的两个目标——银河系中心的超大质量黑洞，以及位于5000万光年外的某个星系中心的另外一头更加强壮的“野兽”。

黑洞是不可见的；任何光线一旦落入黑洞的事件视界，即黑洞周围将其与宇宙的其他部分隔开的神秘表面，就再也无法逃离。令多尔曼这样的黑洞猎手感到幸运的是，事件视界外围的区域闪耀着明亮的光芒。

这一辐射有两个来源。其一是吸积盘，一种围绕黑洞旋转的环形物质外壳。当盘中的物质以接近光速的速度旋转进入了黑洞之后，立刻被加热到几十亿摄氏度，释放出大量辐射。其二是由发光物质形成的高速喷流。尽管黑洞会将物质吸入“腹”中，但同时也会喷射出大量的物质。

多尔曼和合作者集中精力对吸积盘最内侧的部分，也就是最靠近黑洞的部分进行了研究。那里发出的光可以最准确地描绘出事件视界附近扭曲的时空区域的形状和大小。他的研究团队希望看到的图像细节—— 一个由光线描绘出的圆盘状阴影——可以在已知最极端的引力环境下对爱因斯坦的理论进行终极验证。

黑洞吞噬了从正后方传来本应到达地球的光线，从而产生了阴影。被黑洞的强大引力扭曲的时空可以解释光线是如何形成阴影的。

如果黑洞只是一个寻常的天体，那么这个结构将会变得不完整：位于黑洞后方的发光吸积盘的背侧，会被挡在视线之外。但是黑洞强大的引力阻止了这一现象的发生。它使时空发生了完全的畸变，以至于盘的背侧发出的光原本应该朝向远离地球的方向，现在却被扭曲得调了个头，到达了我们的星球。荷兰奈梅亨拉德堡德大学的科学家法尔克(Heino Falcke)说，黑洞就像是陷入了一团光线的迷雾之中。

这团光雾形成了一片光晕，环绕在黑洞的整个阴影周围。但与典

这是在事件视界望远镜记录的射电波长下描绘出的黑洞事件视界外区域模拟图。明亮的光环来自在到达地球之前一直围绕黑洞运动的光子。由于环的高速转动，它的一边显得更为明亮一些。环内的阴影区域产生的原因是，这里的光子在横穿黑洞时被其吞没，而没有到达地球。环的形状和大小可以用来在宇宙中最极端的引力环境下对广义相对论进行直接的验证。[图源：德克斯特(J. Dexter)、麦金尼(J. C. McKinney)、阿戈尔(E. Agol)]

型的天使光晕不同，黑洞的光环亮度是不均匀的。由于吸积盘内侧气体的环绕速度接近光速，所以在两种不同效应的共同作用下，盘上朝向地球旋转的一侧要比远离地球旋转的一侧更亮一些。因此，光晕更像是一弯新月。(参见“深入讨论：黑洞成像的历史”。)

为了对阴影部分成像，研究团队必须记录下合适波长的光。吸积盘最内侧区域的大部分辐射会被盘中其余部分的热气体反射，再也无法出去。真正能够发射出来的光一定是穿过了气体和尘埃构成的雾。

这团雾遮蔽了银河系的其他部分,导致图像在很多波段都变得模糊不清。但是,在1.3毫米的射电波长上,盘内侧的辐射可以自由地发散到太空中,轻易地穿透气体和尘埃,从而完成从银河系中心到地球的2.6万光年的旅程。

大约一个世纪前,科学家的计算表明,天空中的两片面积最大的阴影(一片来自银河系中心的人马座A*,另一片来自M87星系中心的黑洞)都可以从地球上观测到并成像。由于事件视界被黑洞的引力扭曲产生了类似于放大镜的功能,它们的阴影都足够的大。根据法尔克和同事的计算,这种畸变使得阴影的面积扩大了5倍。

尽管如此,阴影部分也不会大于50微角秒,视面积差不多和月球上的一个西柚大小相当。要想分辨出这样的阴影,就需要一台望远镜,它能分辨出的特征的尺度必须是哈勃空间望远镜所能分辨的最小尺度的约1/2000。

望远镜可以分辨的最小尺度可以由光的波长除以望远镜口径来确定。如果射电天线的口径变为2倍,或是观测的波长减半,那么望远镜可分辨的最小尺度就会变为原来的1/2。多尔曼和同事意识到,大自然仁慈地给予了他们一次好机会。如果观测的射电波长大于1.3毫米,要想让望远镜对阴影进行成像,就必须保证其口径比地球直径还大——这当然不可能做到,除非将某些设备装载在太空飞船上。观测远小于1.3毫米的射电波段的望远镜可以设计得小一点,图像也会清晰些,但这一波段的光绝大多数都会被银河系中的气体和尘埃所吸收。如果观测的射电波长恰好为1.3毫米,射电望远镜的口径应与地球直径相等,而不必更大。作为一名黑洞猎手,多尔曼对如何建造这样的望远镜了如指掌。他当然不会真的去尝试建造地球大小的望远镜,而是利用光波的性质,建造一架口径与地球直径相仿的虚拟射电天线,从而一窥黑洞的核心区域。

如果一组望远镜同时对相同的天体目标发出的同样波长的光进行观测,那么观测信号就可以合并,相当于一台口径与望远镜间最大距离(又叫基线)相同的望远镜在工作。举个例子,如果两台口径为4米的望远镜相距100米远,对同一颗恒星进行观测,那么它们的观测合并后可以分辨的细节与一台100米口径的望远镜效果是相同的。

关键之处在于,地球在自转。如果地球是静止的,想让分布于四个大洲的八个或是更多射电天文台联合起来成为一台口径与地球直径相仿的虚拟望远镜,是根本做不到的事情。多尔曼提出,可以将每个天文台想象成是一个巨大的抛物面镜上的镀银散斑,而两个天文台之间的联系是一条银线。镀银区域当然无法覆盖整个反射镜,但是当地球自转时,不仅每个天文台观测到的天区会发生变化,一对天文台之间的指向也会改变。因此,每个银斑都可以扫出一大块弧形区域,从而制造出多尔曼的团队在对黑洞成像时所需要的口径与地球直径相仿的望远镜。

望远镜在共同工作时,通过光波间的干涉效应——来自同一光源的两个相干波叠加时会出现干涉图案——产生相当于更大型仪器的分辨率。英国物理学家托马斯·杨(Thomas Young)在19世纪初首次通过一个著名的实验展示了干涉效应。

一束光从两条相隔很近的狭缝中射出,发出的光波在远处的屏上相遇。如果一个波的波峰与另一个波的波峰重合,它们叠加后会产生更强的信号,在屏幕上形成亮斑——即相长干涉图案。如果一个波的波峰与另一个波的波谷重合,它们的强度会互相抵消,形成暗斑。通过分析屏幕上明暗交替的条纹的亮度和空间分布,就可以重建光源,知晓其形状和大小。

在多尔曼团队的实际观测中,射电天线对取代了杨氏实验中的两条狭缝。黑洞吸积盘的射电辐射以巨大的球面波的形式在太空中传播,当波前到达地球时,每台望远镜都观测到了波前的不同部分。由于

每台望远镜到银河系中心的距离有微小的不同,射电波会先到达某些望远镜。在这一先后接收到射电波的过程中,甚至连地球的曲率以及因大气状况不同造成的延迟都要纳入考虑。在研究人员弥补了到达时间的延迟效果之后,信号对就可以合并起来,形成干涉图案,显示出阴影的大小和形状。

40多年来,科学家们一直在使用甚长基线干涉测量(VLBI)技术。然而,从未有人像多尔曼和他的合作者预想的那样,制造一台地球大小的望远镜,用以观测1.3毫米波段的射电辐射。实际上也从未有人利用VLBI来观测过毫米波。相比于对更长射电波段的观测而言,毫米波观测需要更精确的计时技术和运行速度更快的电子设备。

构成事件视界望远镜的射电望远镜全球网络。(图源:ESO/O. Furtak/CC BY 4.0, https://creativecommons.org/licenses/by/4.0/legalcode)

首先,多尔曼需要说服世界上几个最大的射电天文台的台长,令各大望远镜为了事件视界望远镜项目共同工作,在每年的某几天观测同一天体目标。在他们同意之后,多尔曼还须要为每个台站配备原子钟

和数据记录器,以储存每日数百万吉字节(GB)的信息——这一信息传输速率超过了之前任何一个科学实验。在10天的时间里,他的团队要记录的数据比世界上最大的原子粉碎机(瑞士的大型强子对撞机)在8个月内记录的数据量还要多。

项目开始时,只有几台望远镜参与工作。2007年4月,多尔曼和同事在两天内联系了三个天文台,其中两个在北美洲,一个在夏威夷,希望可以记录来自人马座A*的射电波。三个天文台之间的距离太远,不足以对超大质量黑洞的阴影进行成像。但它们可以共同将射电波集中在一片只有黑洞事件视界4倍大小的区域——尺寸差不多是火星绕日轨道的直径。

之前从未有人对如此接近超大质量黑洞的区域内的辐射进行探测。"那一刻,我们真的觉得自己可以做到这一点。"在墨西哥遭遇了武装冲突后的第二天,多尔曼在哈佛的办公室里一边大嚼着胡萝卜,一边回忆道。胡萝卜是他自制的健康午餐的一部分。多尔曼有着跑步者的强壮体格,虽然已经51岁,但看起来比实际年龄年轻10岁。此时的他还穿着骑车来上班时身着的自行车短裤。"我们为此准备了很长时间,考虑了很多方面,但在看见了这么小的阴影区域之后,我们的工作才算步入了正轨。"[1]

在使用可见光波段的望远镜进行干涉测量时,天文学家需要将每个天文台记录的信号实时地合成处理,从而重建图像。(目前还没有办法储存可见光波以供后续比较。)这意味着重建可见光波段图像的工作可以即刻开始而不需要超级计算机的参与。但这对于VLBI是不可能的。广阔的射电望远镜阵列分布于地球各处,超级计算机需要几个月的计算时间才能将它们的信号进行匹配。并且天文台记录的数据量极其庞大,以至于这些信息无法通过电子方式传输。

为了存储射电波信号,事件视界望远镜团队实际上冻结了来自各

个天文台的光信号，并精确制造了智利、墨西哥、西班牙、格陵兰、南极、夏威夷州和亚利桑那州接收到的所有信号的电子副本。每个望远镜及阵列收到每个射电信号的时间都必须精准记录下来。只有这样，超级计算机才能确定各个阵列收到信号之间的时间间隔，并且决定应该将哪对信号合并以形成干涉图案。这就是为什么多尔曼和他的团队在各个天文台安装的原子钟都具有极高的精度，这些原子钟每1000万年只慢1秒。

“有些人仅用铅笔和白纸就可以进行深刻的思考，这当然是科学发展过程中的一个重要组成部分，”多尔曼在办公室对我说，“而能让我兴奋不已并且促使我踏入这一领域的原因是：四处奔走，不断完成新的观测，把各种各样的导线连在一起，在各种创新过程中为科学研究开启全新的窗口。”每年都会有新的望远镜加入到项目中。2017年，事件视界望远镜项目首次将一个望远镜网络纳入其中，那就是位于智利的阿塔卡马大型毫米波/亚毫米波阵列望远镜（ALMA），其中包含的射电天线超过了50个。阿塔卡马阵列望远镜的加入非常重要，它令事件视界望远镜对精细结构的观测水平提高了10倍。

即使安装和测试了所有的电子设备，并且细致地对每一次观测任务都进行了规划，研究团队还是需要对付某种无法预测的因素：天气。地球大气中的水蒸气会吸收和发射射电波，波段与研究团队对人马座A*和M87星系的黑洞成像所需要观测的射电波段完全相同，从而降低了探测信号的强度。尽管望远镜位于高海拔且极干燥的地区——山顶和沙漠高原，但随时可能到来的雪、雨和云中的水蒸气都会给观测造成威胁。

2018年4月，多尔曼的团队不得不在一个10天的观测窗口期中每天做出选择，挑选出最好的5个夜晚，对阴影区域观测成像。（此前，他的团队在2017年4月的观测过程中也面临过相同的挑战。）在多尔曼的

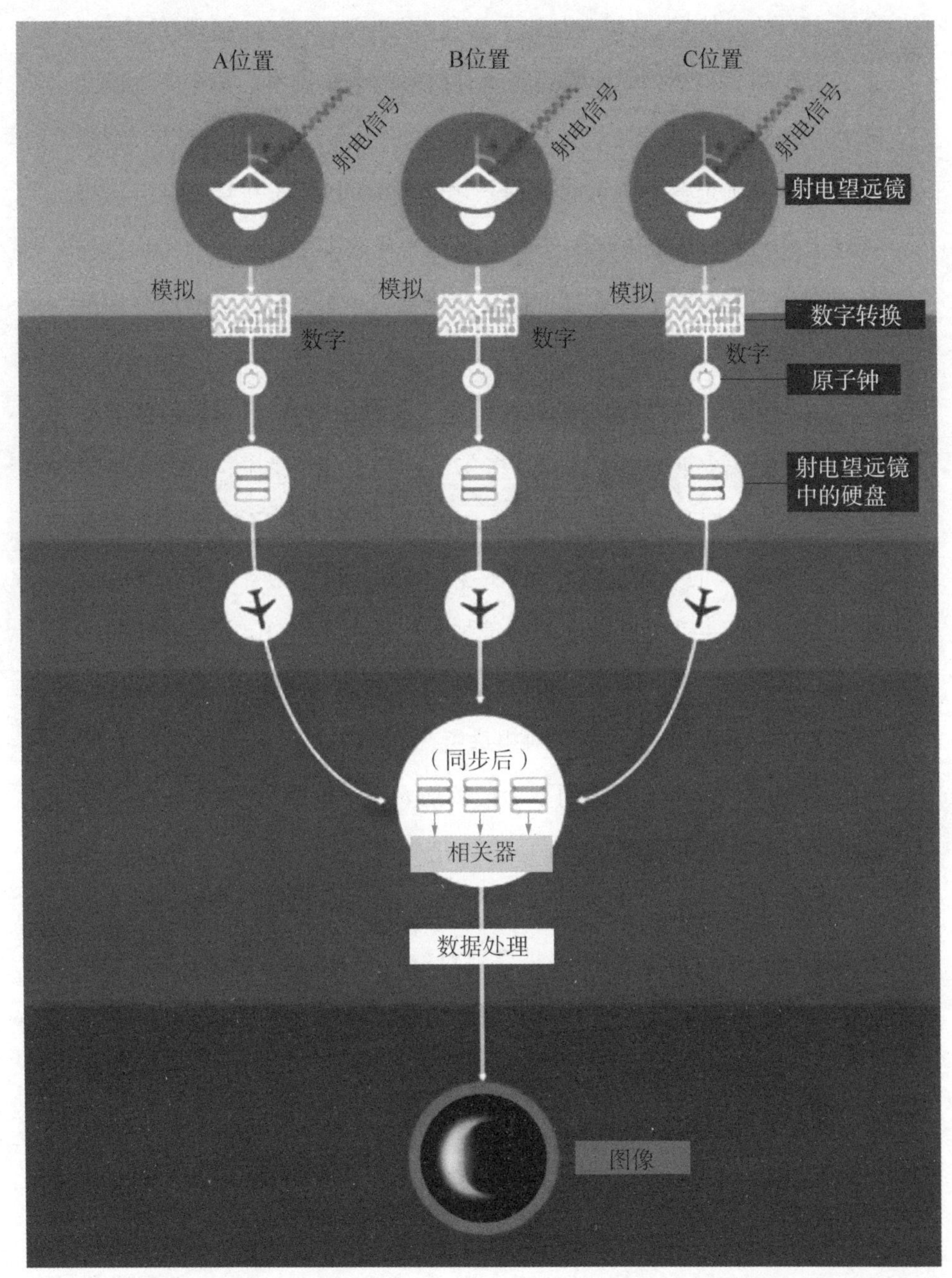

这一原理图展示了一种精心设计的电子方案，用以将几台射电望远镜的观测合并从而制造一台口径与地球直径相仿的虚拟望远镜。[图源：ALMA(ESO/NAOJ/NRAO), J.Pinto & N. Lira/CC BY 4.0, https://creativecommons.org/licenses/by/4.0/legalcode]

办公室里有一块很大的白板,团队成员在上面记录着每个台站当前的天气情况和未来的预报天气。所有天文台都有属于自己的一排:亚利桑那州的亚毫米波望远镜、夏威夷州的亚毫米波望远镜阵列和麦克斯韦望远镜、西班牙贝莱塔峰顶的IRAM 30米望远镜、南极望远镜、智利的阿塔卡马探路者实验望远镜(APEX)和阿塔卡马阵列望远镜、格陵兰望远镜和墨西哥的大型毫米波望远镜。就在天文学家们被枪口指着的第二天,墨西哥的望远镜旁边被打上了一个红色的叉。

团队成员通常在美国东部时间下午2点左右做出决定。甚至在各个天文台的天文学家通过电话、电子邮件和视频会议确认安排之前,聚集在多尔曼办公室的团队成员还在查看天气图。天文学家们讨论的焦点是"τ"——射电望远镜观测中对大气不透明度的说法。如果τ的值小于1,就意味着大气中吸收人马座A^*和M87星系的射电波的水蒸气相对较少。当τ的值大于或等于3时则会带来麻烦。

在4月的这一天,天气并不完美——他们已经确定贝莱塔峰不适合当夜的观测,但团队成员知道,在接下来的周末,夏威夷两个台站的天气情况会更糟糕,而这已经是当年观测窗口期里最后的机会了。多尔曼咬掉了一块复活节兔子巧克力的"头"——这是一种放在会议桌上的零食。最终的决定是:这天晚上,事件视界望远镜将进行观测。

观测开始时很顺利,但在之后的两天却出现了麻烦。尽管智利的望远镜所在地区天气晴朗,但阿塔卡马阵列望远镜和阿塔卡马探路者实验望远镜都出现了技术问题。阿塔卡马阵列望远镜突发断电故障,需要几个小时才能恢复,而阿塔卡马探路者实验望远镜的设备问题使其全程都无法正常工作。

在每个观测季结束之后,每个射电天文台储存的数据——等同于1万台笔记本电脑的数据存储量——被送往事件视界望远镜的数据处理中心,后者分别位于麻省理工学院的海斯塔克天文台以及德国波恩的

马克斯·普朗克射电天文研究所。每年,多尔曼的团队都必须耐心等待,直到南极洲的寒冬季节结束,飞机可以从南极望远镜所在地安全出发。在两个数据处理中心,有许多被叫作相关器的超级计算机,它们的工作是搜寻和匹配同时从黑洞附近区域发出但于不同时间到达各个望远镜的射电信号。合并这样的信号对后可以产生"条纹"——也就是用来对阴影成像的干涉图案。

根据已掌握的2017年4月的数据,多尔曼知道自己的团队已经发现了可以用于校准的天体目标——明亮的类星体——的条纹。这预示着黑洞信号的条纹也可以如此获得,并且在2019年生成第一幅超大质量黑洞的事件视界的图像时,2017年的数据也起到了重要的作用。

就在一个世纪以前,天文学家们还在努力记录太阳对星光的弯曲效果。现在,他们已经可以记录下黑洞的事件视界附近的星光弯曲效应——这一观测标志着一个全新的探索时代的开始。那些幽灵般的照片不仅可以帮助科学家调查宇宙中最奇特的天体周围的时空性质,也将继续揭示爱因斯坦的引力理论对宇宙运行规律的描述有多么精准。

深入讨论:黑洞成像的历史

在法国南部的一个小镇上长大的卢米涅有大把的时间用来绘画和写作。他用油画颜料、蜡笔和炭笔创作肖像画,对象包括许多有名的作曲家,比如李斯特(Franz Liszt)和肖邦(F. F. Chopin),以及牛顿这样的著名科学家。但在15岁时,卢米涅接触了荷兰艺术家埃舍尔(M. C. Escher)受到数学上的启发而创作的光学幻影,以及英国物理学家彭罗斯(Roger Penrose)笔下的"不可能"几何图形,这令他彻底转变了自己的艺术路线。

诸如埃舍尔笔下似乎既在下降又在上升的楼梯、彭罗斯笔下的透

视变换三角形,这样的画作看上去都违反了牛顿的引力理论。卢米涅对此十分着迷,他开始尝试描绘那些不可能存在的建筑以及错误的透视图像。这些画作将是他毕生工作的开场序曲。20世纪70年代,卢米涅在马赛大学学习数学,此时的他接触了爱因斯坦的广义相对论,开始研究其中的数学基础知识。1978年,他完成了关于广义相对论的理论工作方面的博士论文,并加入了巴黎-默东天文台。他听从了论文导师的建议,将之后的研究重点放在了一个更具有实际意义的问题上:包裹着黑洞并不停旋转的吸积盘,这样一种明亮的物质圆盘,究竟是个什么样子?这个问题对他的科研能力和画图能力无疑是个巨大的考验。

卢米涅很熟悉大众媒体上经常展示的那些典型黑洞图像——一个黑球飘浮在发光的气体漩涡中。但要想精确地完成图像的描绘,他必须对光线沿着黑洞附近被引力弯曲的时空运动时的轨迹进行追踪。

在那之前的几年,科学界开始了解决这一问题的初次尝试。1972年,物理学家巴丁(James Bardeen)计算出了光线经过自转的黑洞时的轨迹。不久之后,巴丁和之前的一个学生坎宁安(C. T. Cunningham)发布了第一张图片。从图片中可以看出,随着时间的流逝,围绕黑洞运动的点光源的位置和亮度在远方的观察者看来会是什么样子。这张图片

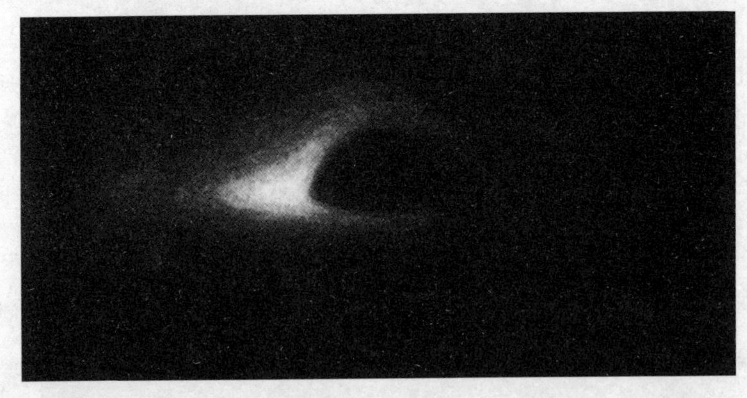

这是卢米涅对黑洞事件视界外区域的手绘图像。绘图工作基于1979年利用一台原始的晶体管计算机得出的模拟结果。这一图像和最近利用高级计算机得到的模拟结果非常吻合。(图源:卢米涅)

显示,黑洞的引力对光线的弯曲效果使得整个圆轨道都暴露了出来,就连黑洞背后的部分也不例外。

为了精确模拟在薄吸积盘围绕下的静态黑洞的形态,卢米涅需要使用计算机模拟程序。但在这之前,他利用几何学知识想象出了它的大致形状。

另一种形式的吸积盘,即著名的土星光环,由围绕土星的冰和尘埃构成。卢米涅想到的情况与这种吸积盘的形态完全不同。任一时刻,环位于土星背后的部分都是不可见的。但在黑洞周围,弯曲的时空会使得光线从吸积盘的背后偏折到前面,从而显现出整个盘的形态。更令人吃惊的是,光线从盘上较低的部分发出时,原本会向下行进,远离观察者,但在弯曲时空的影响下,竟会转而向上,使得盘的上方和下方区域都能够被看见。

此时,卢米涅打算编写一个计算机程序。他使用的是一台巴黎-默东天文台的原始晶体管计算机——出厂于20世纪60年代的大型主机IBM 7040。这台计算机需要穿孔卡片才能实现输入。由于缺少作图软件,他利用黑墨汁手绘出了最后的图像。在图像上,他用很浓的黑点来表示模拟结果中那些光线汇聚的地方。

他的画作看起来像是一团光晕,并且其中的一侧要更亮一些。之所以会有这种不均匀的亮度分布,是因为吸积盘内部气体在以接近光速的速度旋转。就像救护车的警报声会出现音调上的变化——靠近时频率升高,远离时频率降低,运动的天体发出的光线也会发生频率上的改变。在任一时刻,发光气体的轨道所在的圆盘会被分为两部分:一部分朝向观察者旋转,另一部分远离观察者旋转。靠近的气体发出的光会偏向蓝光波段,即短波波段,而远离的光会偏向红光波段,即长波波段。高速旋转还会带来另一个效应:光线会向旋转气体的运动方向聚集,从而使得气体的一部分区域比另一部分看上去更亮一些。

多年以来,其他天文学家利用性能更强大的计算机得出了许多更加精细的模拟。黑洞物理学家索恩为2014年的电影《星际穿越》(*Interstellar*)中的黑洞制造了终极完善的模拟效果。令人惊讶的是,尽管索恩考虑到观众可能会感到费解,因此并没有展现光晕不均匀的亮度,但这一图像与26年前卢米涅的简单画作仍极为相似。

引文出处

以下所列文献为直接引用的出处。关于其他资料,请参见延伸阅读。

第一章 开端

1. 引自 G. J. Whitrow, ed., *Einstein: The Man and His Achievement* (London: BBC, 1967), 5。

2. 引自 H. Minkowski, "Space and Time," in Hendrik A. Lorentz, Albert Einstein, Hermann Minkowski, and Hermann Weyl, *The Principle of Relativity: A Collection of Original Memoirs on the Special and General Theory of Relativity*, trans. W. Perrett and G. B. Jeffery (New York: Dover, 1952), 75。

3. 引自 Abraham Pais, *"Subtle Is the Lord": The Science and the Life of Albert Einstein* (New York: Oxford University Press, 1982), 175。

4. 引自 Albert Einstein, *Out of My Later Years*, rev. repr. ed. (1956; New York: Citadel Press of Kensington Publishing Corp., 1984), 105。

深入讨论:空间和时间,一个完美的统一体

1. 引自 Pais, *"Subtle Is the Lord"*, 152。

第二章 从混乱到胜利

1. 引自 Letter from E. G. Strauss to A. Pais, October 1979, Abraham Pais, *"Subtle Is the Lord": The Science and the Life of Albert Einstein* (New York: Oxford University Press, 1982), 239。

2. 引自 Jordan Ellenberg, *How Not to Be Wrong: The Power of Mathematical Thinking* (New York: Penguin, 2014), 395。

3. 出处同上。

4. 引自 Stan Burris, "Gauss and Non-Euclidian Geometry," Crash Course Notes, September 2003, p. 12, translation of "Gauss to Taurinus, 8 November 1824," https://www.math.uwaterloo.ca/~snburris/htdocs/noneucl.pdf。

5. 引自 L. Kollros, "Albert Einstein en Suisse: Souvenirs," *Helvetica Physica Acta 29*, no. 4 (1956): 278, quoted in Pais, *"Subtle Is the Lord,"* 212。

6. 引自 Albert Einstein and Arnold Sommerfeld, *Briefwechsel: 60 Briefe aus dem*

goldenen Zeitalter der modernen Physik von Albert Einstein und Arnold Sommerfeld, ed. Armin Hermann (Basel: Stuttgart Schwabe, 1968), 26, quoted in John Earman and Clark Glymour, "Lost in the Tensors: Einstein's Struggles with Covariance Principles, 1912-1916," *Studies in History and Philosophy of Science, Part A*, 9, no. 4 (1978), 251。

7. 引自 Einstein to Elsa Löwenthal, Dec. 2, 1913, *The Collected Papers of Albert Einstein*, vol. 5: *The Swiss Years: Correspondence, 1902–1914* (English translation supplement), trans. Anna Beck (Princeton, NJ: Princeton University Press, 1995), doc. 488, pp. 364–365。

第三章 爱丁顿的使命

1. 引自 Sir Arthur Quiller Couch, quoted in Ariela Halkin, *The Enemy Reviewed: German Popular Literature through British Eyes between the Two World Wars* (Westport, CT: Praeger Publishing, 1995), 36。

2. 引自 Matthew Stanley, *Practical Mystic: Religion, Science, and A. S. Eddington* (Chicago: University of Chicago Press, 2007), 146。

3. 出处同上。

4. 出处同上,p. 147。

5. 引自 *Cambridge Daily News*, June 28, 1918。

6. 引自 Stanley, *Practical Mystic*, 149。

7. 引自 *The Observatory* 540 (June 1919): 256。

8. 出处同上。

9. 引自 Abraham Pais, "*Subtle Is the Lord*": *The Science and the Life of Albert Einstein* (New York: Oxford University Press, 1982), 303。

10. 引自 Alfred North Whitehead, *Science and the Modern World*, Lowell Lectures, 1925 (New York: Free Press, 1967), 10。

11. 引自 Stanley, *Practical Mystic*, 110。

12. 出处同上。

13. 引自 Pais, "*Subtle Is the Lord*", 303。

14. 引自 Stanley, *Practical Mystic*, 111。

15. 引自 *Times* (London), November 7, 1919。

第四章 宇宙在膨胀

1. 引自 Albert Einstein to Willem de Sitter, [before March 12, 1917], *The Collected Papers of Albert Einstein*, vol. 8: *The Berlin Years: Correspondence, 1914–1918* (English translation supplement), trans. Anna M. Hentschel (Princeton, NJ: Princeton University Press, 1998), doc. 311, p. 301。

2. 引自 Albert Einstein to Felix Klein, March 26, 1917, *Collected Papers of Albert Einstein*, vol. 8, doc. 319, p. 311。

3. 引自 Eduard A. Tropp, Viktor Ya. Frenkel, and Artur D. Chernin, *Alexander A. Friedmann: The Man Who Made the Universe Expand*, trans. Alexander Dron and Michael Burov (Cambridge: Cambridge University Press, 1993), 157。

4. 引自 Michael Rowan-Robinson, *The Nine Numbers of the Cosmos* (New York: Oxford University Press, 1999), 10。

5. 引自 Alaina G. Levine, "Arno Penzias and Robert Wilson", *APS Physics*, 2009, https://www.aps.org/programs/outreach/history/historicsites/penziaswilson.cfm。

6. 引自 Kurt Winkler, "Fritz Zwicky and the Search for Dark Matter", *Swiss American Historical Society Review* 50, no. 2 (2014), 37。

7. 引自 Fritz Zwicky, "Die Rotverschiebung von extragalaktischen Nebeln," *Helvetica Physica Acta* 6 (1933): 110–127。

第五章　黑洞和对广义相对论的检验

1. 引自 Karl Schwarzschild to Albert Einstein, December 22, 1915, *The Collected Papers of Albert Einstein*, vol. 8, *The Berlin Years: Correspondence, 1914–1918* (English translation supplement), trans. Anna M. Hentschel (Princeton, NJ: Princeton University Press, 1998), doc. 169, p. 164。

2. 引自 J. R. Oppenheimer and H. Snyder, "On Continued Gravitational Contraction," *Physical Review* 56 (1939), 456。

第七章　倾听黑洞的声音

1. 引自"Edison's Phonograph," poster, ca. 1878, National Portrait Gallery, Smithsonian Institution, http://npg.si.edu/object/npg_NPG.87.225。

2. 引自 David A. Coulter et al., Supplementary Materials for "Swope Supernova Survey 2017a (SSS17a), the Optical Counterpart to a Gravitational Wave Source," *Science* 358, no. 6370 (2017): S6。

3. 引自 Author interview with Bernard Schutz, 2018。

深入讨论:引力波的失而复得

1. 引自 Albert Einstein, *The Collected Papers of Albert Einstein*, vol. 8: *The Berlin Years: Correspondence, 1914–1918* (English translation supplement), trans. Ann M. Hentschel (Princeton, NJ: Princeton University Press, 1998), doc. 194, p. 196。

2. 引自 Arthur Stanley Eddington, "The Propagation of Gravitational Waves," *Proceedings of the Royal Society of London* A 102, no. 716 (1922), 269。

第八章　拍摄黑洞的图像

1. 引自 Author interview with Shep Doeleman, April 2018。

延伸阅读

第一章 开端

Chandrasekhar, Subrahmanyan. *Newton's Principia for the Common Reader*. Oxford: Clarendon Press, 1995.

Einstein, Albert. *Relativity: The Special and General Theory*. New York: Henry Holt, 1920. Reprint: Dover, 2010.

Einstein, Albert, and Leopold Infeld. *The Evolution of Physics: The Growth of Ideas from Early Concepts to Relativity and Quanta*. Cambridge: Cambridge University Press, 1961.

Galilei, Galileo. *Dialogue Concerning the Two Chief World Systems*. Translated by Stillman Drake. 2nd ed. Berkeley: University of California Press, 1967.

Holt, Jim. *When Einstein Walked with Gödel: Excursions to the Edge of Thought*. New York: Farrar, Straus and Giroux, 2018.

Holton, Gerald. *Thematic Origins of Scientific Thought: Kepler to Einstein*. Cambridge, MA: Harvard University Press, 1988.

Mahon, Basil. *The Man Who Changed Everything: The Life of James Clerk Maxwell*. Hoboken, NJ: Wiley, 2003.

Will, Clifford M. *Was Einstein Right? Putting General Relativity to the Test*. 2nd ed. New York: Basic Books, 1993.

第二章 从混乱到胜利

Antonick, Gary. "The Non-Euclidean Geometry of Whales." *New York Times*, October 8, 2012.

Bardi, Jason Socrates. *The Fifth Postulate: How Unraveling a Two-Thousand-Year-Old Mystery Unraveled the Universe*. Hoboken, NJ: Wiley, 2008.

Bonahon, Francis. *Low-dimensional Geometry: From Euclidean Surfaces to Hyperbolic Knots*. Providence, RI: American Mathematical Society, 2009.

Dunnington, G. Waldo. *Carl Friedrich Gauss: Titan of Science* (with additional material by Jeremy Gray and Fritz-Egbert Dohse). 1955. Reprint. Washington, DC: Mathematical Association of America, 2004.

Ferreira, Pedro G. *The Perfect Theory: A Century of Geniuses and the Battle over*

General Relativity. Boston: Houghton Mifflin Harcourt, 2014.

Henderson, David W., and Daina Taimina. *Experiencing Geometry: Euclidean and Non-Euclidean with History*. 3rd ed. Upper Saddle River, NJ: Pearson, 2015.

Hofmann, Dieter. *Einstein's Berlin: In the Footsteps of a Genius*. Baltimore, MD: Johns Hopkins University Press, 2013.

Holt, Jim. *When Einstein Walked with Gödel: Excursions to the Edge of Thought*. New York: Farrar, Straus and Giroux, 2018.

Isaac son, Walter. *Einstein: His Life and Universe*. New York: Simon and Schuster, 2007.

Levenson, Thomas. *Einstein in Berlin*. New York: Bantam Books, 2003.

Lorentz, H. A., et al. *The Principle of Relativity: A Collection of Memoirs on the Special and General Theory of Relativity*. New York: Dodd, 1923. Reprint: Dover, 1952.（Includes an English translation of Einstein's general relativity paper, which appeared in *Annalen der Physik* in 1916.）

Luminet, Jean-Pierre. *The Wraparound Universe*. Wellesley, MA: A. K. Peters, 2008.

Norton, John D. "Einstein's Pathway to General Relativity," Lecture for the class "Einstein for Everyone," University of Pittsburgh, https://www.pitt.edu/~jdnorton/teaching/HPS_0410/chapters/general_relativity_pathway/index.html.

Norton, John D. "General Relativity." https://www.pitt.edu/~jdnorton/teaching/HPS_0410/chapters/general_relativity/index.html.

Pais, Abraham. *"Subtle Is the Lord": The Science and the Life of Albert Einstein*. New York: Oxford University Press, 1982.

Weinstein, Galina. *General Relativity Conflict and Rivalries: Einstein's Polemics with Physicists*. Newcastle upon Tyne, UK: Cambridge Scholars Publishing, 2015.

Wheeler, John Archibald, and Kenneth William Ford. *Geons, Black Holes, and Quantum Foam: A Life in Physics*. New York: Norton, 2000.

第三章　爱丁顿的使命

Crelinsten, Jeffrey. *Einstein's Jury: The Race to Test Relativity*. Princeton, NJ: Princeton University Press, 2006.

Douglas, A. Vibert. *The Life of Arthur Stanley Eddington*. London: Nelson, 1957.

Earman, John, and Clark Glymour. "Relativity and Eclipses: The British Eclipse Expeditions of 1919 and Their Predecessors." *Historical Studies in the Physical Sciences* 11 (1980): 49-85.

Kennefick, Daniel. "Testing Relativity from the 1919 Eclipse—A Question of Bias". *Physics Today* 62, no. 3 (2009): 37-43.

Stanley, Matthew. *Practical Mystic: Religion, Science, and A. S. Eddington*. Chicago: University of Chicago Press, 2007.

Will, Clifford M. "Henry Cavendish, Johann von Soldner, and the Defection of Light." *American Journal of Physics* 56, no. 5 (1988): 413–415.

第四章 宇宙在膨胀

Belenkiy, Ari. "Alexander Friedmann and the Origins of Modern Cosmology." *Physics Today* 65, no. 10 (2012): 38–43.

de Swart, Jaco, Gianfranco Bertone, and Jeroen van Dongen. "How Dark Matter Came to Matter." *Nature Astronomy* 1 (2017): 0059.

Kragh, Helge, and Robert W. Smith. "Who Discovered the Expanding Universe?" *History of Science* 41 (2003): 141–162.

Mather, John C., and John Boslough. *The Very First Light: The True Inside Story of the Scientific Journey Back to the Dawn of the Universe*. Revised ed. New York: Basic Books, 2008.

Panek, Richard. *The 4 Percent Universe: Dark Matter, Dark Energy, and the Race to Discover the Rest of Reality*. New York: Houghton Mifflin Harcourt, 2011.

Tropp, Eduard A., Viktor Ya. Frenkel, and Artur D. Chernin. *Alexander A. Friedmann: The Man Who Made the Universe Expand*. Translated by Alexander Dron and Michael Burov. Cambridge: Cambridge University Press, 1993.

第五章 黑洞和对广义相对论的检验

Impey, Chris. *Einstein's Monsters: The Life and Times of Black Holes*. New York: Norton, 2018.

Thorne, Kip S. *Black Holes and Time Warps: Einstein's Outrageous Legacy*. New York: Norton, 1994.

Tyson, Neil deGrasse. *Death by Black Hole: And Other Cosmic Quandaries*. New York: Norton, 2006.

Will, Clifford M. "The Confrontation between General Relativity and Experiment." *Living Reviews in Relativity* 17 (Dec. 2014): 4.

第六章 量子引力

Carroll, Sean. "Does Spacetime Emerge from Quantum Information?" Blog post, May 5, 2015. http://www.preposterousuniverse.com/blog/2015/05/05/does-spacetime-emerge-from-quantum-information/.

Lin, Thomas, Jennifer Ouelette, and K. C. Cole. "The Quantum Fabric of Space-

Time". Three-part series in *Quanta Magazine*, April 2015. https://www.quantamagazine.org/.

Rovelli, Carlo. *Reality Is Not What It Seems: The Journey to Quantum Gravity*. New York: Riverhead Books, 2017.

Susskind, Leonard. *The Black Hole War: My Battle with Stephen Hawking to Make the World Safe for Quantum Mechanics*. New York: Little, Brown, 2008.

第七章 倾听黑洞的声音

Bartusiak, Marcia. *Einstein's Unfinished Symphony: The Story of a Gamble, Two Black Holes, and a New Age of Astronomy*. New Haven, CT: Yale University Press, 2017.

Collins, Harry. *Gravity's Kiss: The Detection of Gravitational Waves*. Cambridge, MA: MIT Press, 2017.

Levin, Janna. *Black Hole Blues: And Other Songs from Outer Space*. New York: Knopf, 2016.

Schilling, Govert. *Ripples in Spacetime: Einstein, Gravitational Waves, and the Future of Astronomy*. Cambridge, MA: Belknap Press of Harvard University Press, 2017.

深入讨论:LIGO以及其他探测器

Bartusiak, Marcia. *Einstein's Unfinished Symphony: The Story of a Gamble, Two Black Holes, and a New Age of Astronomy*. New Haven, CT: Yale University Press, 2017.

Keating, Brian. *Losing the Nobel Prize: A Story of Cosmology, Ambition, and the Perils of Science's Highest Honor*. New York: Norton, 2018.

深入讨论:引力波的失而复得

Hunt, Bruce. 2012. "Oliver Heaviside: A First-Rate Oddity." *Physics Today* 65, no. 11 (2012): 48–54.

Kennefick, Daniel. "Einstein versus the *Physical Review*." *Physics Today* 58, no. 9 (2005): 43–48.

Kennefick, Daniel. *Traveling at the Speed of Thought: Einstein and the Quest for Gravitational Waves*. Princeton, NJ: Princeton University Press, 2007.

Rothman, Tony. "The Secret History of Gravitational Waves." *American Scientist* 106, no. 2 (2018): 96.

第八章　拍摄黑洞的图像

Luminet, Jean-Pierre, 2018. "Seeing Black Holes: From the Computer to the Telescope." *Universe* 4, no. 8 (2018): 86, https://doi.org/10.3390/universe4080086.

深入讨论:黑洞成像的历史

Luminet, Jean-Pierre. "45 Years of Black Hole Imaging (1): Early Work 1972–1988." Blog post, March 7, 2018. https://blogs.futura-sciences.com/e-luminet/tag/black-hole/.

致　谢

本书的写作过程离不开帕内克(Richard Panek)和帕格利奥奇尼(Pamela Pagliochini)重要的专业意见以及他们宝贵的支持和耐心。作者还要深深感谢作家兼天文学家马兰(Steve Maran),感谢哈佛大学出版社的迪安(Jeff Dean)的指导和校订,感谢哈佛大学出版社的罗宾斯(Louise Robbins)、詹森-罗伯茨(Emeralde Jensen-Roberts)和拜斯(Stephanie Vyce),以及韦斯特切斯特出版服务公司的格斯坦(Sherry Gerstein)。

作者对提供了帮助、观点和意见的科学家及科学史家深表感谢,他们包括:布里尔(Dieter Brill)、多尔曼、法尔克、菲什(Vincent Fish)、哈洛、霍尔茨(Daniel Holz)、休斯、雅各布森(Ted Jacobson)、肯尼菲克、卢米涅、马瑟(John Mather)、米斯纳(Charles Misner)、诺顿(John Norton)、佩奇(Don Page)、萨斯坎德、斯温格尔、特林布尔(Virginia Trimble)、拉姆斯顿克、温斯坦(Galina Weinstein)和威尔(Clifford Will)。还要感谢伍德(Barbara Wood)、沃迪斯卡(Lorraine Wodiska)、周三晚间联赛、麦奎因(Phil McQueen),以及著名科普作家、段子手卡斯泰尔维奇(Davide Castelvecchi)。最后,特别感谢温特(Cathy Winter)和朱莉·考恩(Julie Cowen)的耐心和支持。

图书在版编目(CIP)数据

引力世纪:从爱因斯坦的日食到黑洞照片/(美)罗恩·考恩著;王晓涛译.—上海:上海科技教育出版社,2021.5(2023.1重印)

(哲人石丛书.当代科普名著系列)

书名原文:Gravity's Century: From Einstein's Eclipse to Images of Black Holes

ISBN 978-7-5428-7100-8

Ⅰ.①引… Ⅱ.①罗… ②王… Ⅲ.①广义相对论—普及读物 ②引力波-普及读物 Ⅳ.①O412.1-49 ②P142.8-49

中国版本图书馆CIP数据核字(2021)第055157号

责任编辑 林赵璘 匡志强

装帧设计 李梦雪

YINLI SHIJI

引力世纪——从爱因斯坦的日食到黑洞照片

[美]罗恩·考恩 著

王晓涛 译

出版发行 上海科技教育出版社有限公司

(上海市闵行区号景路159弄A座8楼 邮政编码201101)

网　　址 www.sste.com www.ewen.co

经　　销 各地新华书店

印　　刷 常熟市文化印刷有限公司

开　　本 720×1000 1/16

印　　张 10.75

版　　次 2021年5月第1版

印　　次 2023年1月第2次印刷

书　　号 ISBN 978-7-5428-7100-8/N·1118

图　　字 09-2020-698号

定　　价 40.00元